G花园时光TIME
GARDEN 第4辑

韬祺文化　编

中国林业出版社

U0199372

《花园时光》（第4辑）支持单位

ED＊O GARDEN ｜ 亿朵园艺

上海闵行区浦江镇芦恒路1398号

《花园时光》

《花园时光》是一本针对园艺爱好者的出版物，内设"设计师在线"、"畅享花园"、"植物之美"、"有机生活"、"园丁爱劳动"等篇章，每个篇章下又分若干小栏目。该书内容丰富、时尚，呈现给读者一种全新的园艺生活方式，并将以分辑的形式出版，欢迎广大读者踊跃投稿。

电话：010-83227584
微博：花园时光gardentime
博客：blog.sina.com.cn/u/2781278205
邮箱：huayuanshiguang@163.com
微信公众号：GardenTime2012

欢迎关注中国林业出版社官方微信及天猫旗舰店

中国林业出版社官方微信　　　中国林业出版社天猫旗舰店

图书在版编目（CIP）数据

花园时光.第4辑／韬祺文化编.—北京：中国林业出版社，2014.6
ISBN 978-7-5038-7524-3

Ⅰ.①花…　Ⅱ.①韬…　Ⅲ.①观赏园艺　Ⅳ.①S68
中国版本图书馆CIP数据核字（2014）第120868号

策划编辑：何增明　印芳
责任编辑：印芳　盛春玲
封面图片：玛格丽特

出版：中国林业出版社
　　　（北京西城区德内大街刘海胡同7号　100009）
电话：　（010）83227584
发行：中国林业出版社
印刷：北京博海升彩色印刷有限公司
印张：6.5
字数：210千字
版次：2014年7月第1版
印次：2014年7月第1次
开本：889mm×1194mm　　1/16
定价：39.00元

热情继续

当我们在春天的花园播下了花种，修剪整齐了枝叶，在迎来炎炎夏日的时候，就可以享受辛劳付出后的喜悦啦。看，窗台上迎着太阳光盛开的花朵，绽放着灿烂的笑颜；花园里，那一树火红的石榴花，正倾诉着对夏的爱恋；傍晚时分，树荫下、凉亭的清凉感受，也只有在这个季节体会最美好。还有啊，手里拿着的那本《花园时光》是不是也很令人喜悦呢？新的一期《花园时光》终于等来了！

《花园时光》第4辑终于与读者见面了。经历了前三辑的编辑经验的积累，经过了与花友、读友们的沟通交流，《花园时光》在走向成熟的路上留下了一个个深深的印迹，我们欣喜的看到了她成长的痕迹，并朝着既定的目标努力前行。

在《花园时光》的微博上，我们看到了那么的鼓励，看到了朋友们对她所给予的厚望，这让我们深感欣慰的同时也倍感压力。编辑们开会讨论选题时，总是希望内容越多越好，题材越广越好，让每个读者都能看到心仪的文章，都能从中获得快乐的时光。但是，我们也深知，内容需要精编才对得起读者的期待，题材在广泛中有所集中才能更具可读性，基于此，第4辑《花园时光》的内容在可读性、实用性、趣味性等方面都有提高。

私家花园的打理、植物配置技巧等仍是这辑《花园时光》的主打内容，例如嘉和的屋顶花园、苦乐斋的花漾生活等，但是，只是呆在自家花园里的享受时光的生活是有缺憾的，于是，跟随我们到世界各地去欣赏那些美丽的花园——英国的四季农庄、苏德利城堡，斯里兰卡的皇家植物园。当然，在百花争妍的季节，一定要出去走走，看看这个季节最美丽的花，去哪里看什么花！

最美的时光在路上，在《花园时光》成长的路上，让我们一起感受时光的美好！

韬祺文化
2014 年 6 月

G 花园时光 TIME
GARDEN

CONTENTS
第4辑

050

082

024

095

056

010

EXPERT RECOMMENDS
达人推荐

在这一辑的达人推荐栏目中，玛格丽特将带您去赏梅、看郁金香、逛兰展。当然，在杨梅成熟的季节，自然少不了做杨梅酒。

自己泡出美味又养生的杨梅酒

每到 6 月初，满山的杨梅便随着夏至脚步的来临，被热烘烘的太阳催得通红。鲜食杨梅固然好，可惜能享用的时间太短。将吃不完的杨梅泡酒吧，不仅酒味变得特别，更有养生的功效。

"四大梅园"——春季赏梅好去处

早春是赏梅的大好时机。南京中山门外的梅花山，始建于 1929 年，植梅面积 400 余亩，共有 230 个品种的 13000 余株梅树，号称"天下第一梅花山"，为中国四大梅园之首，以品种奇特著称，山上建有"观梅轩"，登轩观梅，一山梅花尽收眼底；上海淀山湖大观园的"湖梅园"则有不少百年以上的古梅；始建于 1912 年的无锡梅园位于无锡西郊东山浒山上，面向太湖，也是著名的赏梅胜地；武汉东湖磨山的东湖梅园是我国的梅花研究中心所在地，也是世界上品种最优最全的"中国梅花品种资源圃"，另有全国唯一的梅文化馆——"一枝春馆"。

除了以上的四大梅园，还推荐浙江余杭"超山梅花天下奇"，江苏邓尉山上的"香雪海"，山东"十梅庵"以及新的赏梅胜地——上海世纪公园等。

杭州太子湾——中国的库肯霍夫

荷兰是郁金香的王国，也是各种球根花卉的集中地。荷兰的花园中以世界上最大的球根花园——库肯霍夫公园最为著名。不过，杭州太子湾春天的球根花卉展可以让大家不去荷兰，也能领略到库肯霍夫的美景。大片郁金香的花海，各种浓香四溢的风信子，借当地山林小坡而营造的林下郁金香及葡萄风信子的蜿蜒的花溪，世界级高水准的园艺布置，仿佛让人置身荷兰。

太子湾一旁便是著名的杭州西湖，花港观鱼、三潭映月、苏堤春晓……去一趟太子湾，顺便将周边美景全收藏心底，绝对会让你感觉"不虚此行"。

辰山植物园，世界兰花大 party

3 月 29 日至 4 月 20 日上海辰山植物园举办了"第二届上海国际兰展"。共有中国、英国、德国、意大利、西班牙、马来西亚、泰国、新加坡、厄瓜多尔、秘鲁、乌干达、肯尼亚、南非等 17 个国家和地区参加。展出面积达 2 万平方米，共有 32 个景点，展示了 1.2 万种、近 7 万株兰花。游客不仅能看到珍奇的兰花品种，还能欣赏到设计师利用兰花布置的景观小品。

本次兰展还开设了"虚拟兰展"功能。你可以通过辰山植物园的官方网站在电脑上游览整个兰展。

JIAHE'S ROOF
阳光满屋
——记嘉和家的屋顶花园

文 / 图　玛格丽特

　　"生活，就是把握好现在，让生命更加精彩！人生且短暂，像花儿一般美丽绽放吧！"嘉和说。原来，她家的那座屋顶花园，之所以一年四季繁花似锦，不仅是因为花园上空的阳光雨露，更是因为在她的心底，撒满了阳光。

认识嘉和

嘉和是我认识很多年的花友了，记得有一年在花友群里聊起旱金莲，我说种子不容易买到呢，嘉和便给我寄了一包来。很快，橙色、黄色的旱金莲在院子里开了很多美丽的花，随后，又被我传播到更多的花友家里。更神奇的是，本来只是橙色和黄色两种的旱金莲，经过几年的混种，不经意地相互授粉后，最后竟然开出了深橙色到浅黄色的好几个渐变色。

去年的春天，去成都探访花友们，才得以第一次见到已经是老朋友的嘉和——典型的四川妹儿，个儿不高，笑起来让人感觉非常温暖可亲，而一开口说话，声音更是绵到人的心里。虽然看上去是个温柔的小女子，但只要开上她那辆超大的越野车，便立马换了个人，英姿飒爽、好不霸气。

虽然看上去还很年轻，但嘉和已经是两个孩子的妈妈了。嘉和有一对双胞胎儿子，正在念高中，还有两只特别酷的猫咪，加上这满屋顶的花草，都被她打理得井井有条。而为了这些花草，她还专门到朋友的饲养场，拖一车发酵的猪粪回来做肥料；种花的基质也是从附近山里采挖来的……不仅如此，有时候她还帮老公料理公司的事情。之所以能做到这些，都是因为她那一颗热爱生活的心。正像她自己说的："生活，就是把握好现在，让生命更加精彩！人生且短暂，像花儿一般美丽绽放吧！"

嘉和的花园

　　嘉和的屋顶花园有 200 多平方米，四川的多数房子都有这样的屋顶，可以从自家的楼梯上去，整个屋子的顶层都可以利用。而几乎所有的人家都会把屋顶变成一个花园。更具成都特色的是，屋顶花园上大都会设计一个麻将屋，那是他们生活中不可或缺的部分，也是花园的主建筑。

　　嘉和的花园也不例外，那是一个阳光小木屋，里面主要当茶室，当然也摆了麻将桌。走出阳光屋，外面就是一个巨大的木头廊架，几年前种的葡萄已经爬满了整个廊架。

1. 阳光屋外的一根廊架柱子上，挂着正在吐艳的天竺葵，下面是耐阴的肉肉盆栽及铜钱草，错落有致。
2. 正对着阳光屋门口，是可以小憩的桌椅，一侧的天竺葵开得正欢。
3. 花园里的阳光屋，是花园的主建筑，出门便是葡萄廊架，地上铺了防腐木。
4. 阳光屋外的花园一景。
5. 从楼梯口出来，进入屋顶花园的走廊，这里做了个落差设计，让花园看上去有起伏和层次。

花园的结构非常简单，屋顶是长方形的，阳光屋和廊架是花园的中心，周围便是一圈走廊，走廊的外侧就是屋顶的围墙。为了让花园看上去更有层次感，花园在高度上也不相同，从楼梯进入花园的入口，比整个花园矮一米左右，形成了一个落差。虽然周围都是走廊，但宽度却是不一样的，相较而言，两端的宽度要大一些。

嘉和沿着走廊的两边都砌上了花坛，花花草草们，都沿着这一圈走廊种植在花坛内。两端较宽，其中一端是一个大的花坛，嘉和在这里还种了几棵柠檬树；另一端是花园的入口，也是屋顶最矮的位置，在这个角落，除了靠墙边的"小铁"和天竺葵们，嘉和还设计了一个假山和小水池，里面配置的是白色马蹄莲，已经开满了花。

阳光屋和廊架要比楼梯出来的区域高出一米左右，这个落差处，嘉和做了一个巨大的花池，里面种的是绣球和天竺葵。4月份，绣球还刚冒出花苞，天竺葵却是正盛开的时候，当风儿吹过，一地鲜艳的落花，仿佛凝聚了岁月的缤纷。夏季太炎热的时候，还是多肉植物们的避阴之所。

花园的植物差不多几十上百种。我去的当儿，天竺葵、月季、菊花、铁线莲、绣球、兰花、凤梨……都在盛花期，一团一团、一盆一盆，到处都是花团锦簇、生机盎然。坐在廊架下的摇椅上，葡萄叶正好遮住了阳光。我们喝着嘉和现榨的混合水果汁，分享她的花草和肉肉们。这个时候，你会由衷感叹——得是一个多么热爱生活的女人，才会拥有如此生气而美丽的花园。

1. 花园南侧的走廊，繁花似锦。
2. 花园北侧的走廊，与阳光屋平齐。
3. 从楼梯口出来，拾级而上，便能到达阳光屋及廊架露台。
4. 在花园西面的小围墙上，摆满了各种多肉植物。下面的花坛全种满了月季。
5. 花园南侧的走廊。

1. 子持莲华
2. 初恋

花园里的植物

1. 多肉

　　在屋顶西面的小矮墙上，嘉和种了很多肉肉，品种也很丰富，黑法师、金边龙舌兰、世之雪等，一个个都长成了庞然大物；还有姬胧月、初恋、雨露等，每一盆都长得快溢了出来！尤其是那棵黑法师，像一棵小树一样傲然挺立。很难想象三年前，它只是一截差点被遗弃的小枝条，嘉和将它扦插，如今却长得鹤立鸡群，一幅藐视群肉的傲慢架势。

3

3. 小人祭　　　4. 玉露
5. 生石花　　　6. 长生草
7. 玉露

4

5

6

7

2. 其他植物

　　嘉和花园里的植物非常丰富，观花的、赏叶的；一年生的、多年生宿根的；灌木、藤本；热带、耐寒植物等等。保守估计，应该在 100 种以上吧。

　　这些植物种在花坛里，便形成了一处处烂漫的花境；若种在花盆里，既能独立成景，也能组合呈现。一般来说，像绣球花、大花天竺葵、月季、'玛格丽特'等灌木及大型的宿根植物都种在花坛里。而多肉、球根花卉及一些小型植物，都适宜种在花盆里。

1. 花坛里的粉色玛格丽特，长成了一个大花球，茎干也完全木质化，比拇指还粗。
2. 铁线莲是花园里不可或缺的主角。
3. 彩叶植物为花园增加色彩变化。

1	2	3
4		5
6	7	8

1. 佛珠
2. 旱金莲
3. 铁线莲
4. 朱顶红
5. 枫叶天竺葵
6. 直立天竺葵
7. 猫尾红
8. 藤本月季

BOUGAINVILLEA SPECTABILIS

三角梅 不可错过的"小三"

文／图 玛格丽特

别误会哦，这里所说的"小三"是指三角梅。因为我们遇到的时间不对，致使我与它错过了多年。直到一年前，我再次与它邂逅。再续前缘，它带给我无数的惊喜，因此也特意推荐给大家。

三角梅的花语：热情，坚韧不拔，顽强奋进。还有一种花语是：没有真爱是一种悲伤。

说起种植三角梅，曾经有一段悲惨的经历。那时候刚有了院子，想到之前在国外见过的三角梅，连绵的围墙上，红色、橙色、玫红色，如火如荼般盛开着，便在院子里也种上两棵，想着可以沿着围墙爬上去，开满艳丽的玫红色"花儿"，还可以把窗台下空调主机的位置全部挡住。但三角梅属于南方植物，喜温暖湿润，不耐旱，15℃以上才能开花，3℃以上才能安全越冬，上海的户外肯定是扛不过去的。最后的情况是，入冬没多久，本来带着"花儿"的三角梅开始一朵朵落花，紧接着叶子发黄发软全部掉光，剩了光杆，最后悲戚戚地在寒冷的冬季里香消玉殒。心疼之余，便断了对三角梅的念想。

再次种植三角梅是搬了现在的新家，有个不大的阳台，想着封闭的阳台倒是有阳光房的效果，加上在几个花友家看到好多特别的品种，非常心动。于是，秋天便从淘宝上购买了好几个品种。

到货的时候，小苗还带着几朵"小花"，根系带着拳头大小的土球，用报纸包着。当时是 10 月底，天气还很热。到货那几天正好不在家，等拿到手，发现小苗们一个个都蔫了吧唧，叶子一碰全部掉光。赶紧地，全部用水泡了一夜，第二天用泥炭土混珍珠岩（我的万能介质，主要用于疏松透气）混和缓释肥全部种上，放在阴凉通风处，再把带花的枝条全部修剪掉，节省营养，更利于缓根。然后每天喷水，保持枝条湿润。很快，小苗们一棵棵都缓了过来，新叶子也长了起来。等一个多月后换盆时，发现根系都长满了盆底，真让人惊喜！

'绿叶樱花'

因为是第一年缓苗的小苗，冬天尽管阳台多数时间温度在5℃以上，为了防止万一，最冷的天气，晚上我还是把小苗搬到室内，白天再搬出去。

春天到了，缓过苗的三角梅一棵棵都长出了嫩嫩的新芽。也终于在精心的呵护下，这个秋天，心爱的"小三"们每一棵都开得各有姿态，极为灿烂！

其实之前的家里有个很大的阳台，也是落地玻璃窗，冬天阳光照耀着特别暖和。那时候，怕冷的多肉植物、天竺葵、非洲堇、球兰什么的，都在阳台上舒适地度过整个冬天，但是因为不了解三角梅也怕冷的脾气，致使第一次相遇后的不欢而散。看现在阳台上"三儿"们一棵棵绝美地盛开，着实后悔曾经错过它那么多年！

1. '重瓣红'
2. '绿叶橙'
3. '浅茄'
4. '银叶白'
5. '加州黄金'

link

三角梅（*Bougainvillea spectabilis*）也叫九重葛、三叶梅、毛宝巾、三角花、叶子花、南美紫茉莉等，是紫茉莉科的一种常绿攀援状灌木。原产巴西，喜欢温暖湿润气候，不耐寒，在3℃以上才可安全越冬，15℃以上方可开花。喜充足光照。花顶生，非常细小，多数是黄绿色，常被误认为是花蕊，三朵簇生于三枚较大的苞片内，苞片卵圆形或叶状，有大红色、橙黄色、紫红色、雪白色、樱花粉等，色彩鲜艳，持续时间长，反而被认为是花了。所以三角梅也被称为是叶子花。

三角梅的叶子也有绿叶和花叶两类；而苞片则有单瓣、重瓣之分，便是我们说的重瓣三角梅和单瓣三角梅了。

北方必须盆栽，冬季入室过冬，而南方则可以户外种植，攀援于门廊、庭院围墙、修剪成绿篱或造型。绿叶衬托着鲜艳的苞片，格外璀璨夺目。三角梅一年能开两次，观赏期特别长。

Tips

冬季防护

三角梅冬天最冷不能低于3~5℃，如果在上海及北方地区种植，整个冬天都需要防护。冬天阳光房或室内封闭阳台种植，最大的问题是空气流通不够，阳光紫外线不够。所以在最暖和的正午时分，还是需要开窗透气，让植物尽量接触自然的光线。

到了早春，最低气温持续在5℃以上后，三角梅便可以搬到户外，开始正常地浇水、施肥、掐顶。

春天掐顶

春天掐顶，一般在新芽长到6片叶子的时候，掐去顶端2片留4片，直到8月初开始控水。这期间肥料、水分需要供应充足，才能尽量多长枝条。

当然，也可以根据自己喜欢的形状，留长一点的枝条，顶端再如此操作，形成花球；或者把底下分枝全部去掉，顶端不停掐顶，长成华丽的棒棒糖形状。如果阳光房大，就不要这样掐顶，适当修剪和牵引，那么长势凶猛的三角梅，很快就会婀娜多姿了。

夏末控水

三角梅这东西在水分足的时候就是长叶子不开花，然后非要晒到干巴巴快要死了，它才觉得再不开花繁衍下一代就不行了，这才肯怒放。大多数植物也是如此。

控水在8月中旬就可以开始了。控水并不是指完全不浇水，那样"小三"是要被干死的。

一般来说，比正常浇水的量少一半，比如浇水一次后暴晒一天，叶子发软垂下蔫了再浇水，并且不要浇足，只给原来的一半水，保证三角梅不被干死。偶尔控制不好，干得掉叶子了，问题也不太大。或者控水不足，那么最多花期晚一点，花量少一点而已，也不要紧。

另外需要注意的是，控水阶段停止施肥。

秋天开花

大概在9月底~10月初，日夜温差比较大的秋天到来之后，"三儿"们就会陆续开花了。从开花开始，浇水和施肥就要正常进行了。

三角梅，养护好了，从初秋一直可以开到冬季，只要保证最低温度不低于5℃，开花就不会断。冬天若放在温度、光照好的阳台，还会继续开花，甚至一直开到春天。春天三角梅也是开花的，不过春天的时候，各种花儿都盛开，也不差这个"小三"的花儿了，不如那个时候掐顶、修剪、养枝条，把"三儿"们的怒放留到少花的秋天吧！

冬季修剪

三角梅生长迅速，生长期要注意整形修剪，以促进侧枝生长，多生花枝。每次开花后，要及时清除残花，以减少养分消耗。花期过后要对过密枝条、内膛枝、徒长枝、弱势枝条进行疏剪，对其他枝条一般不修剪或只对枝头稍作修剪，不宜重剪，以缩短下一轮的生长期，可以让它早开花并多次开花。

GARDEN PIECES
饰园小品
花园有它才提气

亿朵园艺供图
淘宝网店：
http://shop108337967.taobao.com

COUNTRY
LIVING

如果将一个花园比喻成一道菜，那么花园中的装饰小品就是烹饪这道菜的调味料，调味料用得是否恰到好处，直接影响到菜品和口味。油盐酱醋、辣椒葱蒜……烹饪的调味料种类太丰富了。花园里的装饰小品也一样，有功能性的，如座椅、鸟巢、园灯、花盆、围栏、屏风……也有装饰性的，如卡通精灵、小雕塑、水景等，花园里因为有了它们，才更加灵气动人。

快快给你家的花园来点这样的调味料吧，也许，一两件就能让你的花园呈现出与众不同的格调。

牛仔风情木头花插
参考价：88元

郁金香花插油灯

参考价：20元

在晚上，你才能发现我的魅力。

喂鸟餐盘

参考价：80元

是喂鸟的餐盘，也是风铃，你看出来了吗？

太阳能风铃灯

参考价：100元

是太阳能灯也是风铃。

卡通蜗牛太阳能灯

参考价：50元

真想不通那些"为了高楼大厦努力往上爬"的小伙伴们，我把家安在花丛中，美呆了。

1. 青蛙太阳能灯

参考价：50元

哈，别拍我，拍花吧。

2. 猫头鹰太阳能灯

参考价：50元

天使和猫头鹰，这演的是哪一出？

3. 鸭子和乌龟PVC仿琉璃太阳能灯

参考价：50元

鸭子和乌龟，他们在一起能擦出怎样的火花呢？

1

2

3

日风火烈鸟

参考价：100元

火烈鸟这要跟花来比美吗？

花仙子花插

参考价：20元

六月雪下的花仙子，这里有胜却琼楼玉宇的风景吗？

小天使花盆

参考价：80元

亲爱的小天使，有你在的花园，是多么可爱呀！

花园小品选择搭配

1.小品的加入要让花园有意境，更生动

只有表达一定意境和情趣的小品，才是成功的艺术作品。作为花园中局部主体景物，花园小品要具有相对独立的意境，有一定的思想内涵，才能产生感染力。

花盆边的蜗牛、枝头的小鸟、水池边的丹顶鹤、花丛中的花仙子……在花园里，随意地摆上几件卡通人物和动物饰品，能让花园立刻变得富有生命力。花园因此而变得有故事，有意境。

因此，在搭配时要巧于构思。有的卡通饰品，可以将其掩映在树影下、花丛中，犹抱琵琶半遮面的感觉，比一览无余更加有意境。

2.体积合适有分寸

花园小品作为花园之点缀，一般在体量上力求精巧，不可喧宾夺主，数量也不宜过多，以免失去分寸。

3.功能性和装饰性相结合

功能性和装饰性相结合的花园小品，会显得更加自然。风铃造型的太阳能灯、太阳能花插、鸟巢、卡通花盆等，既是装饰品，也有实用性，这样的花园小品现在越来越受到大家的欢迎。

1.卡通铁皮饰品

参考价：125元

你还想怎样？和花长在一起还这么不开心！

2.青蛙卡通花盆

参考价：150元

哎呀呀，这花也太沉了，压得我快喘不过气儿来了。

3.卡通铁皮饰品花盆

参考价：155元

骑自行车的七星瓢虫。

4.蜻蜓欢迎标牌

参考价：80元

欢迎，欢迎，让花蝴蝶作导游，带你看花园。

THE WILD BEAUTY OF ORCHIDS

去西双版纳——
看洋兰到底有多"野"

文 / 盛春玲　　图 / 高江云

　　说到兰花，您首先想到的也许是纤芝骈穗，黛叶离披的国兰。因喜生长于高山空谷，色泽素雅，淡香冉冉，所以国兰象征与世无争的君子。

　　洋兰也属兰花，与国兰相比，虽更加娇艳夺目，但有一样品质却是与国兰相同的，那就是洋兰也好森林幽壑，不喜熙攘喧闹，只有在深山森林深处，才能真正见到洋兰原生态的野性奔放之美。

　　机会来了，这就带您走进西双版纳，那里是洋兰的天堂。

相对于主产于温带的国兰，那些生活在热带的兰花则被统称为洋兰。常见的蝴蝶兰就是洋兰中的一员。如今，越来越多的洋兰亮相市场上：石斛兰、万代兰、卡特兰、文心兰……洋兰受到人们越来越多的喜爱和追捧，很多人家里或许都摆放着花朵大而艳丽的洋兰。但在西双版纳——洋兰的天堂，你会发现它们完全不同于在厅堂居室的姿态，真正体会到原生态洋兰的魅力。

西双版纳降水充沛、温暖多湿，虽然雨季集中在5~10月，但在干旱季节时有浓雾，使得这里可以保持常年湿润。这样的气候深得兰花的喜欢，它们在这里自在地繁衍生息，安静地展示自己独特的美丽：有的匍在树上，有的趴在岩壁；有的娇羞低垂，有的傲然挺立……目前西双版纳共记录到兰科植物115属共428种。但由于人为过度地采集和生境的破坏，这里的野生兰花的数量也越来越少，那些曾经在路边树上抬头可见的花儿们，如今却只能在林子深处发现它们的魅影。

穿梭在西双版纳的原始森林中，一路向山顶攀爬，你就能不时地听见这样的欢呼："哇，都长到树顶上了"、"快看，快看，对面的崖壁上也有好多"、"这里也有，树干上全部长满了"……下面就让我们一起来认识下这里的兰花吧。

长在树顶上的兰花，有一种是景洪石斛，如果你恰好带着望远镜，可以将自己与它们之间的距离拉得更近，更加看清那一丛丛瘦小而倔强的小白花，是那般的随性与洒脱。而多花脆兰很多生长在崖壁上，它们的根牢牢地抓在岩壁上，丛丛相连，甚为壮观，厚厚的叶片格外精神，带着紫红色条纹的小黄花一簇簇开在绿叶中间，显示着它们旺盛的生命力……在花卉市场，哪里能见到这样的姿态？

万代兰类

万代兰是对兰科万代兰属 *Vanda* 植物的统称，学名 *Vanda* 原为印度一带的梵语，意思是挂在树上的兰花。万代兰可是洋兰家族里的一名强者，该属约有 50 个原始种，杂交品种非常丰富，是极为重要的观赏花卉之一。

1. 大花万代兰

万代兰的学名 *Vanda* 原为印度一带的梵语，意思是挂在树身上的兰花。淡紫色的大花万代兰一团团挂在树上，十分壮观。

2. 小蓝万代兰

大部分热带兰是附生植物，它们喜欢附生在树上或岩石上。远远望向那高高的树枝顶端，也许小蓝万代兰并不十分惹眼，甚至容易被忽略，但细细品赏，它的花朵却是如此晶莹剔透、惹人怜爱。

1. 短棒石斛

满满一树的短棒石斛开着金黄色的花，让人不禁感叹它们的美丽。如果有一天你和我一起在野外看到如此景象，是不是也会像我一样张大嘴巴，除了震撼和惊叹，还会想起一首歌的名字——《怒放的生命》。

2. 景洪石斛

那些不起眼的细细的茎和在风中摇曳的小小白花，便是景洪石斛。如果不用望远镜，没有扭转镜头，或许它们就被忽略掉了。

3. 石斛

在野外，同样生长在树上，花虽美，却需要你的好眼力才欣赏得到呢。

4. 美花石斛

是因为它的花朵格外美才叫这个名字的吗？在野外，它经常开着一大串的小花，非常壮观。

石斛类

石斛是对兰科石斛属 *Dendrobium* 植物的统称。石斛属是一个庞大的家族，除了适宜观赏之外，它也是中国历史最悠久的中药养生品之一，在我国现存最早的药物学专著《神农本草经》中就有对石斛的记载。这其中最有名气的当属铁皮石斛了，有句古话叫做"北有人参，南有枫斗"，而枫斗的母体就是铁皮石斛了。

1-2. 尖囊蝴蝶兰

你看那树皮上一条条的绿色，正是尖囊蝴蝶兰的根，也许这"张牙舞爪"的绿根并没有让你联想到美，但正是这些凌乱的根不断汲取养分才使得花朵能够灿烂的绽放。

3. 囊唇蝴蝶兰

也许你会说，这个，一点也不像蝴蝶啊！可不是，细细看来，这白色的小家伙有点像"外星人"呢。这也许就是大自然的神奇之处吧，她设计了万物不同的面貌，等待着你去发现不同的美。

蝴蝶兰类

　　蝴蝶兰是对兰科蝴蝶兰属 *Phalaenopsis* 植物的统称，其花姿优美，颜色华丽，为热带兰中的珍品，有"兰中皇后"之美誉。它也是广大花友最熟悉的洋兰了，各大花卉市场都能看到那一串串或粉艳妖娆或洁白如雪的蝴蝶兰。近几年随着园艺技术的发展，越来越多的品种也出现在花卉市场上。

1-2. 紫毛兜兰
小家伙长在树杈里，不开花的时候还真是很难让人发现呢。你看他那黄色的兜兜，是不是像极了少女夏天穿的凉拖？

3. "金童玉女"
黄色的杏黄兜兰是"金童"，而粉白色的硬叶兜兰则是"玉女"。

4. 飘带兜兰
飘带兜兰的两个花瓣翻卷着延长下来，似两条彩色的飘带迎风起舞。

兜兰

　　兜兰是对兰科兜兰属 *Paphiopedilum* 植物的统称，因其唇瓣似少女的拖鞋，所以又叫拖鞋兰。与前三类兰花不同，兜兰大部分为地生，也有少部分种类为附生植物。而所谓的兰花中的"金童玉女"便是这个家族中的杏黄兜兰和硬叶兜兰了。

1. 梳帽卷瓣兰

卷瓣兰也属于石豆兰属，种类也很多。在一大丛叶子中仔细地寻觅，就找到了梳帽卷瓣兰的身影，小小的花序像不像一把把小扇子呢？

2. 芳香石豆兰

在自然界中，很多石豆兰都散发着臭味以吸引蝇类为它们传粉。而芳香石豆兰则是香气扑鼻，有着名不虚传的芳香。在西双版纳石灰岩山森林里，它十分常见，经常是一片片布满在树上或岩石上。

3. 二叶石豆兰

仔细找找，能看到几只虫子？自然界中植物与动物相处得和谐而美好。

石豆兰

　　石豆兰是对兰科石豆兰属 *Bulbophyllum* 植物的统称。也许对这个属的兰花你有些陌生，但是在西双版纳它可是一个庞大的家族，在野外经常能看到树干上、岩石上密密麻麻的密花石豆兰和芳香石豆兰。

勐远玉凤花
撕裂得如同鹅毛一般的花瓣，仿佛一起风就能抖着羽毛随风起舞，飞向远方。

其他的兰花

　　除了你听说过得兰花，在西双版纳还有许多长得十分有个性得兰花。下面就
一起来欣赏这些有趣得小家伙们吧。

Tips

　　像蝴蝶兰、万代兰和石斛兰，大部分的原生种都是热带附生植物，就像我们从图片
里看到的，它们的根都是裸露在空气中、扒在树皮上或石头上。因此，我们养它们的时
候要用苔藓、树皮或陶粒这些透气透水性好的基质。同时，热带地区森林里的湿度都很大，
这些洋兰当然也就喜欢湿润的环境。
　　所以，只要你摸清了它们的生活习性，顺着它们的"脾气"去照顾它们，养起来也
并不难。

1-2. 大香荚兰

说起香荚兰这个名字也许你会觉得陌生，但是说到"香草"相信你一定已经开始想念冰激凌的味道了。没错，用来制作"香草"口味冰激凌的原材料就是香荚兰。

3. 密茎贝母兰

你看，每朵密茎贝母兰的花像不像一个小鬼脸？让人想到了万圣节的小南瓜。

link

本文图片选自图书
《西双版纳的兰科植物：多样性和保护》
作者：高江云　刘强　余东莉

FOLIFLORA LIFE IN 'KU LE ZHAI'
"苦乐斋"里花漾生活

图/文 尹娟

南京金川河畔5号大院的这栋20世纪80年代的老屋子，我们老爷子命名为"苦乐斋"，陈大羽先生为之题写匾额。老爷子在里面著书立说、写字画画，"苦乐斋"见证了他的刻苦勤奋、孜孜不倦的一生。这栋房子亦记录了老公成长的点点滴滴，他对这方天地有着浓厚的感情，几次购房，他都不愿搬走。最后，老人家把这栋老房子留给了我们，自己搬去江苏路的高层了。

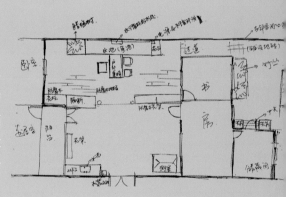

刚结婚的那几年，忙着学习、工作、抚育孩子，院子里只有一株蜡梅树相伴，偶尔我会买点花来点缀，很是杂乱无序。前些年去扬州的表哥家作客几次，被他的空中花园深深震撼了。花开的恣意浓艳，21楼的空间仿佛远离了闹市的喧嚣。于是想着把属于我的这方天地稍作整改，以求得我的岁月静好。

仔细拍了院子的原图，作为留念，然后开始随手涂鸦。那图纸画得惨不忍睹，呀……工人居然能看得懂！于是便自我安慰，估计也不是那么难看的。

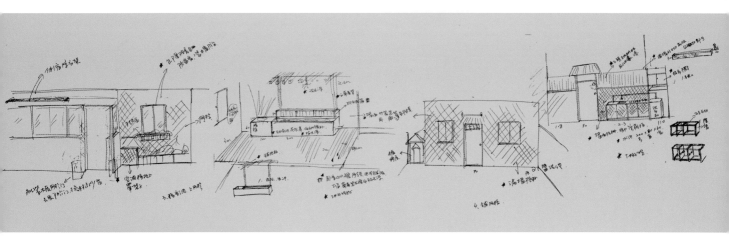

1. 院门的入口和书房。书房的墙上，我拉上了深蓝色的网格，上面挂着各种我淘来的宝贝，原来灰色的墙面因此变得丰富而鲜亮起来。
2. 院门右边的墙上，用木板装饰，上面也挂着绿色植物及各种工具。
3. 书房的遮阳顶棚上挂了一串陶盆，是不是别出心裁。
4. 淘来的水池，是不是很有特色。
5. 改造前的院门入口。
6. 院门外，我砌了一个花坛，里面种上豆角、黄瓜，可以顺着栅栏爬满整面墙，便成了一个小菜园。

7. 正对着院门入口，也就是书房和居住楼之间，划拉出一块地方，做出了一个平台，上面是花架，下面有桌椅，鱼池。平台后面的那堵墙与邻居相隔。

敲敲砸砸是个体力活，请来的工人一个星期还没砸出个名堂来，不得已，老公发动了他的那帮学生来修了一堂建筑工人的课——女儿都上阵了，拿着比她人还高的铁锹爬上花坛，挖土！

我们的院子，与邻居相隔的是一堵老砖墙，高约 1.5 米左右，老旧的红砖，搭建出一个个砖花，斑驳通透。偶尔，邻居忘记带钥匙了，会从院子里借道，越墙而过。所以这次改造特地留下了这堵墙。

为保留院子里遗留的老红砖的元素，我找来老砖，砌起花坛，拉上竹栅栏。灰色的水泥墙、布着绿苔，红的砖、绿的植物，似乎它们就应该这么存在着，且一直存在着。

院子里的常驻民是我们的大金毛（馒头）、几只猫咪（豆包、乌咪、米糊、南瓜、木耳等等）。淘汰了原先铸铁的狗窝，请人用防腐木造了小木屋，我们家馒头立马表现出无比的喜悦来——刚安装上，门板就被它啃出一排牙印！冬天冷了，猫咪们都会一起挤进来，汲取着大馒头身上的热量。

房子和书房之间，划拉出一小半来，铺上防腐木地板，搭起一个简单的葡萄架，无限幻想着葡萄爬满架子、我们在架下的惬意。今年，葡萄藤被我牵引着爬上了架子，葡萄却没见着几颗，不过依然满足，满怀着希望期待来年缀满葡萄。

葡萄架下，浇筑了一长条鱼池，养了几十尾最普通的锦鲫，鱼池里的睡莲、慈姑是夏天的重头戏。后来发现，我们家的猫咪们、大馒头，自从鱼池建起来便以此为水盆了。于是鱼池终年保持着很高的水位，以便我们家这一堆宝贝们能每日喝上新鲜的"鱼汤"。

书房后的一丛竹子，是老爷子当年种下的，依然保留了，稍加修剪，铺上鹅卵石，别有番世外竹源的味道。

8. 书房墙上的蓝色网格上，挂着各种别致的盆器和植物。
9. 花园的平台在存在之前的模样。
10. 女儿和她的小伙伴们在花园里庆祝属于她们的快乐。

11. 院子重建后，我家狗狗金毛的新家。
12-13. 水景下的小鱼池，夏日里会让人感到无
　　　比清凉。

院子还在改建着，我便已迫不及待在"庭院时光"家淘来许多花盆、花架、吊篮以及桌椅。法式做旧风格的铸铁物件，在我家古朴老旧的环境下，竟然十分融洽。那些天，每晚奋战于庭院时光孤品拍卖活动，为着喜欢的宝贝们激动，为着拍不着心仪的宝贝懊恼。现在想来，很是有趣。

书房的墙上，我拉上深蓝色网格，为了配应，将纱窗门、窗户都换成了深蓝色。网格上挂上不断淘来的花园工具、壁挂盆、斗笠等等，原本灰色的墙面被打扮得鲜亮起来。

院子的另一个元素是红陶盆，南瓜棱的、长条的、正方的、椭圆的、锥形的各式各样，有的简单大方，有的繁琐精致，很是喜欢。每到休息日，我便奔波于南京的各个花市，给我的陶盆们配上绿植、花草。在这个过程里认识了许多的花草，了解着它们的习性，用心呵护着。看着开出一朵朵美美的花来，便有了小小的成就感。

小小的院子的蜕变，让我也随着放慢了脚步，每日清晨细细看过院子里的花草、抚摸过在身边亲昵着喵喵叫的猫咪，然后才去上班；晚上回家，欣喜地发现又有哪朵花绽放了……用心、费力呵护这些花草，享受发芽、吐叶、挂蕾、开花时的小幸福，享受着等花开的心境……

14. 书房后面的竹林，是老爷子当年种下的。
15. 平台的一侧边缘，是用各种陶盆种植的盆花，观花的、赏叶的，参差错落，很是喜欢。

FLOWER PHOTOGRAPHY

透过镜头，
发现花草之美

文/图 牛洋

选取合适的拍摄对象

　　拍摄花草，首要的问题是选择合适的拍摄对象。大街上人与人的样貌姿态有别，自然界中的花草也同样如此。在拿起相机之前，有必要先认真观察哪些个体才是最适合拍摄的对象。它可以是正好高出花丛的一朵郁金香，也可以是恰巧被一束阳光照透的林中幽兰，抑或是恰好生长在雪山下的一丛报春。听起来这些画面似乎都需要运气和巧合，而实际上很多时候合适的拍摄对象就在那里，只是需要积极的思考和观察才能发现。苗圃的一片花田中，总能找到鹤立鸡群的个体；幽暗的林中，植物更容易在能晒到太阳的地方生长开花；在高山上，您也几乎总能找到这样一丛报春，从她的角度取景时能将雪山框入画中。

把握焦平面

　　如何令主体既突出又清晰是个稍显矛盾的问题。突出主体往往意味着营造浅景深（拍摄对象清晰的纵深范围）剥离背景，而对主体清晰的要求则又需要保证足够的景深才能满足。理论上，通过物体焦点只能有一个平面可以在感光元件上清晰成像，这个平面被称作"焦平面"，它垂直于镜头的主光轴。这个概念在微距摄影中尤为重要。在使用高放大率拍摄微小物体的时候，画面的景深十分有限。例如，在使用 1：1 放大率拍摄一株苔藓时，画面清晰的纵深范围可能仅有 **1~2mm**。这时，想要展现这株苔藓的清晰细节，必须让镜头垂直于苔藓所在的平面。把握好这个焦平面可以让刚才提出的小矛盾有效化解。

　　许多植物的构造和组合展现了完美的焦平面，只等待我们去发现。例如，云南沙参花序上的所有花朵几乎都在一个平面上（图 2），而您也可以轻松地在一片花丛中找到合适角度令某几支银莲花花葶都处于同一个平面上（图 3）。当然，自然界也有很多植物具有复杂的花序形态，使得寻找焦平面变得不那么简单。但有一条原则很好用，即将最重要的元素所在的平面作为焦平面，或者说保证最重要的元素尽量清晰（图 1）。

1. 微距镜头 1：1 的放大率展现了苔藓丛中一枚微小个体的玲珑体态。
2. 云南沙参的花序可以在一个观察角度几乎处于同一平面，把握好这个焦平面可以令主体清晰的同时虚化背景。
3. 您总能在一片花丛中找到可以处于同一平面的几支花葶，例如这两朵银莲花。

留意背景

　　背景是容易被初学者忽略的元素，但却深刻影响着照片的基调。在视角较窄而环境复杂的情况下，稍稍调整拍摄角度都会给主体换上完全不同的背景。例如，用中长焦镜头以天空为背景拍摄一朵花的特写时，分别用云朵和蓝天作为背景，给人的感觉会完全不同。再例如，以俯视和平视拍摄同一株植物，不仅植物的形态会有所差异，背景也会完全不同。拍花草时有意识地选择背景会让您的照片更加出彩。那些在地上摸爬滚打的"怪人们"多半不是为了哗众取宠，而是在寻找满意的角度来获得合适的背景。

图4的视角较高，地面背景的色彩较为杂乱，不断趴低、调整观察角度，能够获得（图5、图6）更舒服而纯净的背景。

巧用前景

　　与背景相比，前景的重要性更容易被忽略。一方面，前景可以作为视觉的兴趣点，不至于令画面过于空旷；另一方面，前景有助于营造氛围，烘托气氛。前一种情况，焦点一般落在前景上，适合展现花草及其生存的广阔场景；而后一种情况，前景一般在焦点之外，容易产生柔和的散景和色彩，适合表现小范围的植物群落。

善用光线

　　画面中光的属性（颜色、方向和质地）深刻影响着画面给人的感受。它不仅刻画植物的轮廓、质感和色彩，还为画面渲染气氛。多云天气条件下明亮的漫射光有助于描绘植物的细节或营造真实、宁静的气氛；早晨或傍晚的侧逆光利于表

7. 从前景鸢尾花的缝隙中拍摄后面的豹子花，能够给画面增添特殊的色彩。
8. 前景的翠雀花有助于烘托画面的气氛。

9-10. 太阳落山前及落山后的一瞬间为马蹄黄的花序带来截然不同的色彩。

现花草的轮廓和质感，同时为照片涂上别样的色彩。阳光较强时植物阴暗部分细节会被淹没，这时可以通过合适的补光来找回（闪光灯或反光板）；有时候也可以利用非正常的白平衡模式来创造性地营造一些氛围。总之，发现和解决照片中的问题和更丰富的想象力会让您拍照的水平不断提高。

穷尽想象

　　"你永远都不可能让摄影师只为你拍一张照片"，人们曾这样调侃。对我这样不擅长和人打交道的人来说，拍摄植物要比拍摄人物容易得多——它们永远不会对你的照片有苛刻的要求，也不会嫌你啰里啰唆。这意味着你能够专心致志地面对拍摄对象，穷尽各种想象，尝试一切可能的拍摄方法。植物全貌、花的特写、横构图、竖构图、把主体放在右上角如何？放在左下角呢？是否应该避开背景的那根树枝？如果换用广角镜头会有什么样的效果？"摄影是一门遗憾的艺术"，但至少在这些场合我们可以积极地减少遗憾发生的概率。

11. 在强光下适当地运用闪光灯补充闪光，有助于表现植物阴暗处的细节。

12-14. 新疆猪牙花——穷尽各种可能的方式拍摄一种植物，尽量不留遗憾。

15

用什么器材拍摄植物？

　　拍摄植物所需要的器材并不复杂也不昂贵，几乎所有种类的相机和镜头都可以用来拍摄植物。不过如果您打算在这个题材的拍摄上花一些心思，拥有一只微距镜头是十分必要的。您能够透过这样一支镜头观察到一个暂新的世界。

　　微距镜头与其他镜头相比最大的特点就是能够获得 **1 : 1** 的放大率，这意味着一丛微小的苔藓也可以占满整个画面，展现出生动的形态和细节。更重要的是，一旦被这些微小细节之美所触动，您可能会满世界寻找这些容易被忽略的"景致"，从而获得新的收获。

　　在使用较高放大率拍摄微小物体的时候，照片的景深会很浅，这时需要通过缩小光圈来获得足够的景深。这导致我们需要牺牲快门时间（更长）或感光度（提高 **ISO**）来获得合适的曝光。提高 **ISO** 通常会对画质带来明显影响，因此使用三脚架来稳定相机就显得很必要了。一些严谨的微距摄影工作者总是随身携带三脚架。

　　让我们把目光从花蕊的细节上移开，着眼于更广阔的空间吧。当您欣赏一朵野花之美时，雪山和蓝天、森林与草原这些元素其实同样对您的审美感受起到重要作用。意识到这一点并将这些元素组合在一起有助于向观众表达这些感受，也交代了野生植物所生长的真实环境。广角和超广角镜头有助于表现这种植物与环境的关系。超广角镜头通常具有较短的最近对焦距离，这意味着您可以凑近花草拍摄，将它们作为前景的同时，囊括较广阔的背景。值得思考的是，诸如天空、云朵、水面和地平线之类的元素往往能加强人们对"广阔"的感受，恰当地组织这些元素能令您的照片有更强的视觉冲击力。

15. 用广角镜头表现植物与环境的关系是另一种体现植物之美的方式。

16-17. 利用小型数码相机的广角微距特性，表现植物与其生长的壮美环境。

牛洋

　　中国科学院昆明植物研究所助理研究员，效力于高山植物多样性研究组。热爱自然摄影，热衷于拍摄高山植物物种及它们的生存方式。图片和文字作品见于国内知名科普杂志，曾获《中国国家地理》花影炫色植物摄影比赛大奖及台湾自然博物馆"惊艳新视野"科学摄影比赛大奖。

用好您的小DC

　　这里说的小 DC 指的是感光元件面积较小的小型数码相机。虽然它们难以拍出油润的焦外散景效果，但是在表现植物与环境的关系方面可是特别在行。它们优越的广角端微距拍摄的功能可以让你在获得足够放大率的同时获得较广阔而清晰的背景。若要实现类似的效果，对于数码单反相机而言需要花费高得多的代价。因此，让您手中的小 DC 发挥自己的长处同样能获得出色的照片！

BELMOND LE MANOIR AUX QUAT'SAISONS

四季农庄古堡花园酒店——
绝不仅仅只是奢华

图／文　兔白白

去英国旅行时，在伦敦和科茨沃尔德入住的都是舒适型的酒店，却是在牛津郡的最后一站，因为朋友的强烈推荐，入住了号称全球十大超豪华酒店之一的 Le Manoir aux Quat'Saisons——四季农庄酒店。而被推荐的理由，不是因为它所谓的奢华，而是因为持续保持了29年的米其林二星餐厅荣誉，更因为那个坐落在15世纪城堡内的精美绝伦的大花园。

当车缓缓驶入四季农庄酒店的大门时，里面似乎刚刚在举行一场婚礼，穿着婚纱的新娘和新郎正站在爬满灿烂紫藤的古堡前与亲友们合影，车刚停住，一位身着灰蓝色西装、身材高大、外表英俊的外国男性走过来，操着浓重的英国腔询问道："Will you join us？"或许因为满眼是婚礼的场面，令人脑海里浮现出的词居然是"enjoy"，而这位英俊的绅士并非新郎或婚礼来宾，却是酒店的工作人员。

是的，在进入四季农庄酒店的第一时间，在还没来得及领略这里的古堡和花园时，就已经先被这里仪表堂堂的酒店工作人员震撼住了。他们西装笔挺，身手帅气地帮客人搬运行李，引导客人进入酒店大堂，当被表示感谢时，他们会用英国腔回答说："Not at all。"

入住的过程也是从未体会过的周到细致，酒店的 Guest relations manager 会亲自引领着客人，穿过酒店门厅燃烧着的古老壁炉，踩着厚厚的地毯，拾阶而上，穿过色调温馨的走廊而到达自己的房间，进入房间后，他们会首先询问你对房间的感受，然后详细地介绍酒店的设施，所提供的服务，甚至小到房间的针线包在哪里都会一一道来。而酒店的房间并非按门牌号码区分，每个房间都有自己的名字和故事。更有趣的是，不仅拥有自己的名字，酒店每个房间还拥有着独特的装饰风格，既有纯木质的古堡风情，也有绝不落俗套的欧式古典风格，房间内的每样摆设和家具也看得出是精心搭配，坐在窗前喝着红茶吃着柠檬蛋糕，仿佛回到了中世纪的英国，而房间古老的铁艺玻璃窗外是爬满外墙的紫藤，彼时有夕阳斜射进来，想不爱上这里实在太难了。

酒店的主人——Raymond Blanc 是个没有受过专业厨艺培训的法国人，却因厨艺而知名于世界。或者是因为从小生长在法国乡间的缘故，Raymond 对于种植颇有一番自己的见解。在牛津开设的餐厅大获成功后，他就梦想拥有一家自己的古堡花园酒店。自 1984 年开业以来，酒店花园的改造工作就一直没有停止过。

主楼东面，通往停车场的那条著名的薰衣草步道，虽然未到盛放时节，但精心修剪的薰衣草夹道而立，随着微风飘来阵阵熟悉的清香，而薰衣草步道北侧的大片区域就是酒店真正的花园区了。四季农庄酒店占地 27 英亩的大花园，被划分成几个不同的区域，在开业之初就被大规模扩建的蔬菜种植园和紧邻的被设计成伊丽莎白结纹园样式的香草种植园共种植超过 90 种有机蔬菜，每天源源不断地被送进这家米其林厨房里，被法国大厨烹制成各种精美菜肴。

1. 酒店的房间不按门牌号码区分，每个房间都有自己的名字和故事，以及独特的装饰风格。
2、5. 古老的铁艺玻璃窗外是爬满外墙的紫藤。

3. 建于15世纪的池塘，带有强烈的中世纪印迹，被树木包围，宁静而典雅。
4. 通往停车场的薰衣草步道，微风吹来，满是阵阵清香。

而蔬菜种植园的西边，是建于 15 世纪的池塘，这座带有中世纪美感的宁静的水上花园，被高大的树木和茂盛的植物围绕，蒙大拿系铁线莲灿烂的花朵蔓延在池塘对岸的灌木丛上，仿佛一片将要垂入水面的粉色花溪，池塘内的边缘部分种植着水草，水面上聚集着睡莲的叶子，在池塘不同的角落有几组由雕刻家 Lloyd Le Blanc 设计的青铜雕塑，站在这里，整个人马上安静下来，连空气的流动都放慢了脚步。

从池塘往花园深处走，经过一段砾石小路和橡木小桥，就到达了 Raymond 最爱的日本花园。据说，在 20 世纪 90 年代初期，Raymond 从日本旅行回来后，深深的爱上了日本文化和日式花园。因此，在 1995 年特意修建了这座以日式茶室为主题的花园，为了给前来的客人提供一个静修之所，这个园中之园被修建在了整个花园的最深处，配置上多以绿植为主，松柏、蕨类、竹子、小灌木，宁静的绿色植物首先就已经将整个氛围变得纯净起来。而顺着弯曲的步道走向茶室时，内心不由得就变得干净起来，仿佛在这样的环境里穿梭时，渐渐地抖落掉了身上沾染的尘世气息一般。

主人的精心打理，加上经年的建造，使得这座包围着酒店的大花园，令人心生惰意，恨不得后半生就都消磨在这里才好。

第二天早上，在雨声中醒来，玻璃窗上蒙着淡淡一层水雾，窗外的紫藤因此而像是一幅印象派的油画一般。一边遗憾因为下雨没办法再抽时间细细品味一下花园，一边又欣慰四季农庄的晴天和雨景都被我遇到了。

在餐厅吃早餐时，除了舒适和美味外，更惊叹的是酒店的设计细节。将餐厅的窗环绕一圈，但无论从哪扇窗看出去，都像是一幅被定格的美丽画面，或是依墙生长的紫藤，或是窗外精心修剪的草坪，而最美的那扇窗定格在草坪上那棵无可替代的参天古树上。眼中的每个画面都想带回家挂到墙上，而每幅画面却都只能留在心里。

今天是要离开的时候了，太多不舍和遗憾，却也成为了下次再来的理由。被称为豪华酒店的四季农庄，给人留下的却并非只是豪华的印象，而是温暖到细节的感动，和值得用更多时间消磨和体味的古堡花园。因为来到这里，更深地感受到人生需要时不时奢侈一下，用以深切感受它的美好。

6. 花园主人深爱的日式花园，以日式茶室为主题，在松柏、竹子等植物的陪伴下，花园宁静而纯净。
7. 花园里爬满藤本的拱门，显得生机勃勃，而下面的石阶和石墙，诉说岁月的印迹。
8. 古堡酒店外面，大树、藤本、灌木、草木……层次和色彩都很丰富的园林，是酒店魅力的重要源由。

Link

四季农庄酒店官方网站：http://www.manoir.com
国内预订方式：http://zanadu.cn/package/55/le-manoir-aux-quat-saisons-great-milton-uk.html

WORKING IN A GARDEN BUILDING
日本保圣那集团办公楼——
Office就在瓜棚下

文 赵莳儿 图 杨新杭

在花园餐厅吃饭，在花园酒店住宿，身处花园，对于花园发烧友们，就是最大的幸福。可是，你想过吗？有一天自己办公的场所也成为一个花园，那我们在都市里时时刻刻都能与草木为友，与土壤相亲，那该是多么惬意与幸福。在日本保圣那集团（PASONA）总部大楼里工作的人们，正在享受着这样的幸福。2013年7月，《中国花卉报》社原社长、现任世界屋顶绿化协会秘书长杨新杭先生，在PASONA总部大楼，体验了这种幸福——

见面没聊几句，杨社长就兴致勃勃地打开手机，给我展示日本保圣那集团（**PASONA**）总部大楼的照片："你看，这是大楼的垂直绿化外墙，植物都栽种在大楼里面的阳台上，枝叶从里面爬到外面的铁架上……这是室内栽种的黄瓜、茄子，浇水、施肥、光照都是智能化控制的……"

保圣那集团是以农业职业技术培训、咨询为主要业务。说实话，第一眼见到大楼的外墙，并没有提起我多大的兴趣——这还没有我微博上发的那些墙面绿化图片漂亮呢，但是再往下看，便随着杨社长的讲解，不由自主地走进这栋大楼，陶醉于大楼里的小桥流水、瓜果花香……

进入大厅，是一个被水池环绕的木质亲水平台，这里就是公司的业务咨询和洽谈区域，碎石铺底的水池里有白掌和一些叫不出名儿的水生植物点缀，还有鱼儿游来游去。我想，在这样舒服的环境里边聊天、边谈生意，应该会少了很多冲突，更容易达成一致的意见吧。

从大厅的右边绕到墙后面，就是公司的接待前台，这里则是另外一片田园风光，仿佛来到一个瓜棚下面，头顶上的黄瓜和南瓜正赛跑式地竞相生长、吐蕾，大大小小的果实垂下来，一伸手就能够着。"会不会也有蜜蜂来采蜜，不然需要异花授粉的南瓜怎么会结出如此累累的果实？"我心里暗忖着。接待台的后面还有植物从花槽里向上攀缘生长。

1. 大厅进门的商业洽谈区，四周被水池环绕，水池里面还有鱼儿游来游去。
2. 公司大楼的绿化外墙，墙体外面搭建了铁架，用来支撑植物枝蔓，植物种植槽则放在大楼里的走廊里，枝条从窗户伸出来，爬在铁架上。

杨新杭

高级编辑

1984 年 10 月参与创办《中国花卉报》，历任中国花卉报社副社长、社长兼总编辑。现任《中国花卉报》社名誉社长、中国插花花艺协会副会长、中国绿色碳汇基金会特聘专家、世界屋顶绿化协会副会长。

来公司办业务的客户，先到前台咨询，前台的工作人员便安排好客服人员，引导到亲水大厅详细洽谈。

本以为大厅是这栋大楼的园艺景致经典所在，但来到二层、三层……屋顶，甚至室内的走廊、墙壁，这样的园艺景致一直延续着，没有断层之处。大厅旁边的走廊比较宽敞，中间辟出来一块，种上了茄子；屋子里的隔断、屏风都是各种攀缘植物，有葡萄、络石、紫藤……

虽然这里的景致都很让人舒服，但是让我选择，我会选择二层的休息室。这里是供员工和客户们休息的地方，休息室的中间以木头为主要材料做了一个"枯木林"：木头未经任何处理，上面悬挂着各种盆栽植物，其花盆也是木质的，给人的感觉非常原生态。如果工作累了，你可以在这里点一杯咖啡，看看绿色的植物，欣赏墙壁上的画儿，也可以坐在桌子边小憩一会儿。

往楼上走，你会在走廊里见到组培架，大部分墙壁沿线，都设计了种植架，架子上是各种各样栽种的蔬菜和植物。

除了休息室，楼顶上还有一个很大的屋顶花园供公司的员工和客户们休息。就这样看过去，真的很难想象这个花园是建在屋顶上，花园里的草坪修剪得非常平整，花园一角偌大的木质平台上摆满了桌椅，平台一角的苹果树上，挂满了累累的果实。楼顶上有几个很大的建筑室内自然采光和通风口，都用木框围了起来，上面爬满了玫瑰、络石等爬藤植物。除了果树、花木，花园的墙角根上还种有南瓜等多种蔬菜。

3. 室内墙边一般都设计了种植槽，里面种上葡萄、紫藤等爬藤植物，美化墙面。
4. 公司的接待前台，头顶上空是种植的黄瓜、南瓜，形成室内的瓜棚。

5. 二层的休息区，中间用木头做了分隔，木头上挂着各种绿色盆栽。
6. 大楼的屋顶花园，是员工最喜欢的放松之地。
7. 大楼走廊里的种植槽，植物通过窗户爬到外面的铁架上。
8. 室内一楼一个宽大的走廊里，种植了茄子，上面还专门有补光的设施。

还是回到外墙吧，这里是设计的特色所在。常规的垂直绿化设计，是将植物连基质都放置在墙面上，这样浇水、修剪等维护非常不方便。而在这栋楼里，设计师们在建筑外面加了一层铁架子，用以承受植物的重量，而种植槽则放在室内的走廊里，植物从室内生长出来，攀缘在铁架上，从而形成了一整面的绿墙。这样的好处是，维护非常方便，植物浇水施肥在走廊上就能进行，不必做蜘蛛人爬在墙面上。而且，这样的绿化方式也保证了建筑立面通风透光。植物大都选择攀缘的木本植物，寿命长，更换周期短，成本自然降低。而且，在这样的建筑里，在夏天，室温比没有绿化的建筑要低4℃左右，"7月的大热天，来到这栋建筑的室内，很少开空调"，杨社长说。很多房子在设计时并没有考虑过立体绿化，这样的设计完全可以为之借鉴与应用。

当然，维护整个建筑绿化的成本肯定不是一笔小数目，但对于保圣那集团来说，他们更希望的是传达一种理念：只要你愿意，我们可以离这样原生态的田园生活更近、更近。

ROSE CUTTAGE
手把手教你学扦插

文/图 快乐农妇

枝条：一般利用当年新梢扦插，当新梢顶花残败后，即剪取花朵以下充实、芽饱满的枝段作为插穗。用花枝作插条既经济，又有枝壮芽肥的优点，故多在开花季节扦插。花谢后剪取扦插短枝的时候，正好可以起到对植株修剪的作用。

方法：枝条剪成每段 10~15cm，每段含 3~5 个芽，基端节下 2cm 左右斜剪，顶端节上平剪，基部叶片全部剪掉。地上部分保持 1~2 节芽，具 1~2 片叶。

介质：插床基质用清洁河沙或蛭石、珍珠岩等疏松、透气材料。插条可以直接插入盆内粗沙中，也可以用生根粉浸蘸基部 3~5 分钟后插入。我就地取材，选用的是沙子。

扦插深度：扦插深度为插条长度的 1/2，浇一次透水，切记勿将插条插倒；可以用塑料袋或薄膜盖在花盆上（不用过于严实，注意通风），调节土壤和空气温度和湿度，适当遮阳或放到阴凉的地方，温度控制在 20℃ 左右。

浇水：扦插前期 7~10 天浇一次水，一个月后，3~5 天浇一次水，保持土壤干湿适度；用不了 50 天，插条即生根长出新叶。

月季生根后，原来留的两片小叶会脱落，新芽会萌发。此时可移到阳光下，减少浇水量。

移栽：月季成活后，不必急于移栽。等根部老化变成褐色后移栽，成活率更高。

很多花像月季和绣球等都可以通过扦插来繁殖，只要在合适的时间、使用了合适的方法，扦插可以变得易如反掌。

时间：常年都可进行，但以 5 ~ 6 月和 9 ~ 11 月为最佳。

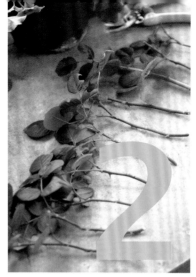

Steps

第1步：剪下要扦插的枝条；

第2步：修剪枝条，将下端的叶片剪掉；

第3步：把剪好的扦插枝条插入装有素沙的盆中，并放到阴凉处；

第4步：50天左右，扦插枝条即生根，扦插成活的小苗可以直接移栽到你要种植的地方，直接下地或者是移栽到花盆里，注意脱盆的时候要头朝下轻轻打压盆底，不可直接拔苗，直接拔会把好不容易长出来的根牵拉掉。

RED BAYBERRY WINE
自酿杨梅酒

link

杨梅

　　拉丁名：*Myrica rubra* 又名龙睛、朱红，因其形似水杨子、味道似梅子，因而取名杨梅。

　　杨梅属于常绿乔木，高可达 15m 以上，胸径达 60cm，树皮灰色，树冠圆球形。据说，5 年以上树龄的果实才可食用，10 年左右果子便比较可口。

　　杨梅每年春天 4 月开花，雌雄异株，6 ～ 7 月果实成熟。

　　每年的 6 月中下旬是江南的梅雨季节，也是杨梅成熟的季节。 在浙江余姚、无锡马山等地都有非常有名的杨梅。 虽然气候常常闷热难奈，然而漫山遍野的杨梅树，碧绿茂盛的树叶中，细细密密地挂着诱人的红色果子，会让人忘记酷暑，不知不觉被诱惑、陶醉。

　　杨梅富含维生素 C、葡萄糖、果糖、柠檬酸等，酸甜味美；另外杨梅含钾丰富，对夏天大量出汗者可起到补钾功效。

Steps

1. 选择新鲜的杨梅。注意不用洗，因为洗过的果实里面有水，会影响杨梅酒的口味。如果实在是怕脏，可以用水冲一下，然后晾干。

2. 准备白酒。我每次都用二锅头，52°的，味道很香很纯，价钱还特别便宜。

3. 加入冰糖少许。杨梅泡了酒，还是会有酸味，加一点冰糖就盖住了酸味，酸中带一点点甜，口感更好。

4. 将处理好的杨梅酒装进容器，放进冰箱一个月后，非常美丽的枚红色的、冰凉的、带着清甜和清香的杨梅酒就酿成啦。

注意：可千万不能贪杯呦，喝上去没感觉，实际可是52°的二锅头呢！

酒里面的杨梅也可以吃，小时候肚子疼，外婆就会给我吃上几粒。

只是，杨梅味都到了酒里，酒泡后的杨梅就会变得很难吃了。

从食物性味讲，杨梅性温热、味甘酸，入肺、胃二经，有生津止渴、和胃消食、止吐止痢等功效。

杨梅虽然营养价值很高，但是多食亦是不好，不仅容易上火，更是会不知不觉把牙酸倒了，真是到最后，会连豆腐都咬不动的。

而且杨梅果实很难保鲜，即使放在冰箱里，到了第二、第三天，便会有小黑虫生出来，口感就已经无法恭维了。

又不能多吃，又不能保存！唯一的办法便是加工，比如盐藏、蜜渍、糖腌……而我喜欢酿杨梅酒！

BULB GARDEN DIY

巧手打造一个
球根花园

文 / 赵梦欣　图 / 玛格丽特　群英

　　凝视着一个个或像土豆、或像洋葱、或像荸荠的球根，有谁会想象出郁金香的端庄高雅、百合花的娇艳大气、水仙花的轻盈芬芳呢？

　　在这些外表并不美观，甚至有些难看的球根里面，蕴藏着绽放美丽的能量。所以，不需要丰富的种花经验，不需要施肥，只需要将它们种在土里、放在盆钵里，然后给它们喝水，不久就能兴奋地看到它们发芽、长叶、吐蕾、开花，然后带来满园的芬芳。

　　然而，球根植物的花期一般只有10天左右，如何配置，让它们的观赏期延长些，而它们凋谢之后的花园也不会寂寞呢？

美国费罗丽庄园，洋水仙盆栽参差错落地摆放，成为花园绝对的主角。

球根为主角，与其他花卉组合种植

　　每种球根花卉的开放时间只有 **10** 天左右，因此，如果花坛里只有球根植物，等到花儿一凋谢，花坛立刻就会萧条寂寞起来。因此，与花期长的一、二年生草本植物以及宿根草花一块栽培，制定一年四季球根与之交替开放的计划，是打造球根花园的第一步。

　　比如，郁金香可以和三色堇、矮牵牛、一串红等草花一起种植，这样，**4** 月份郁金香开败之后，其他的草花可以继续带来春意。而郁金香开花的时候，其他的花草都是配角。花坛和舞台一样，花草组合的时候，要让主角醒目。

制定花坛计划时要考虑到花期和株高

　　球根花卉的花期虽然很短，但是也分早花品种、中花品种和晚花品种。如果在种植时将每个品种相互搭配，虽然错过全部盛开的盛况，但是却可以让庭院花开不断。搭配得当，球根的观赏期可以从 **4** 月一直到 **6** 月。不过，一定要把握好种植的时期，否则，它们提前或者延迟开花，会破坏整个花园的平衡，也会打乱你的计划。

　　球根花卉中，既有像花葱、唐菖蒲、百子莲那样长得高大的植物，也有像番红花、葡萄风信子、秋水仙等那样不足 **20cm** 的植物，因此要充分考虑这些植物的高度，选择种植

1. 在空旷的地方，郁金香盆栽的魅力体现得淋漓尽致。
2、3. 将郁金香种在花盆里，可以按照自己的喜好随时
　　　移动位置，放的位置不同，风景也不同。

4. 费罗丽庄园，盆栽的洋水仙与陶罐组合成的景致，色
   彩与地砖相呼应，洋水仙的黄色则显得十分明快。
5. 花架上的花园。
6. 这里，绝对是郁金香的地盘。

场所和组合的植物。假如将它们种植在金鱼草、马鞭草、百
日草丛中，它们的美丽将会完全被掩盖。唐菖蒲、百合要同
能使自身植株基部显得稳定的凤仙花、满天星组合。

搭配的时候要注意色彩

　　要想突出球根花卉主角的身份，也可以通过色彩的设计
来达到目的。比如，在春天，设计一个浅色调的花坛，用黄
色的三色堇、白色的滨菊为背景的花坛，等到 4 月，葡萄酒
红色的郁金香一开放，摇曳在浅色的背景中，就会显得格外
的独特而美丽。或者，在蓝色的三色堇中，开放着白色的郁
金香，也会倍增清爽。因此，色彩能让主角更加突出，也能
让庭院富于变化。

球根花卉的水培

　　球根花卉本身就有很多养分，其魅力还在于可以不使用
土壤，只用水就能轻松、洁净地进行栽培，如果嫌单调，还
可以往容器里增加垫底用的小石子、玻璃球，或者沙砾。一
方面丰富了视觉效果，另一方面还能起到固定球根的作用。

　　水培最重要的一点就是水分管理，否则球根会容易腐烂。
刚开始可以每周换水一次，水量也不要全部将球根淹没，而
是只要淹到球根下部即可，待长出根后，保持淹到根的 2/3
处即可。

link

常见的球根花卉有：郁金香、风信
子、百合、百子莲、鸢尾、番红
花、花毛莨、欧洲银莲花、朱顶
红、石蒜、仙客来、小苍兰、水
仙、小丽花等。

THE GANDEN FOR MY TOMORROW
一个乌托邦眼中的
"理想国"

文 / 图　兔毛爹

　　结婚以前，我是《旅行家》杂志的自由撰稿人，那时，"世界"是我身后的"花园"。

　　结婚以后，我把曾经的旅行"雪藏"在泥土里，这时，"花园"是我眼前的"世界"。

——兔毛爹

1. 就是这张乌托邦式的油画，让我在心底埋下了乌托邦
   式"理想国"的种子。

缘起——一幅充满了乌托邦式空想色彩的佚名油画

我家的小屋和一幅充满了乌托邦式空想色彩的佚名油画有关。在我众多收藏品中，它是最令人"匪夷所思"的一件。

我说不清它的出处，只是当年听卖画的人讲：此画出自一位流浪画家之手，笔下描述的是他曾经的"梦境"和醒来后"思考的过程"……

画家在画作的中上部，为欣赏者精心布置了一个凸起并悬浮在半空中的幻象山庄。山庄里坐落着具有17世纪田园风格的尖顶小屋和架着梯子的谷仓。一条石径蜿蜒向前，将

人的视线吸引至山庄前地势较低的井台。井畔，倚着提桶的乡村少妇，井中，一条细若游丝的井绳和低垂的水桶，则仿佛具有穿越时空的魔力，拉扯着欣赏者的目光去探索画作下方——那一片凹陷在深谷之中、波澜不惊的神秘水潭。水潭边，是一条伸及旷野的无人栈道，远方则是一片片若有若无的白色浮云和紫色山峦。

虽然，从总体上看，这幅画给人一种简单、祥和甚至是平淡的感觉，然而，画中那些石路，深潭，井绳和栈道，却总能出其不意地涤荡起欣赏者灵魂深处某些说不清的幻象冲突和莫名向往。

我常在夕阳西下的黄昏，或是满天星斗的夜晚，静静地凝望这幅充满了"暗示"和"象征"的图画，看得久了画中那座与世无争的"尖顶小屋"，竟不知不觉地成了我内心中那个乌托邦式的"理想国"，而那片象征着"思想源泉"的"深潭"则最终成为了我潜意识中那个超现实的"归宿"的所在……

追缘——从望京的万家灯火到潮白河畔的尖顶小屋

兔毛是谁？

我的女儿。

十年前，在没有兔毛的年代，我买下了位于望京、25层楼上的一间公寓。那个时代的望京，是我心目中最理想的居住地。

十年后，在兔毛出生的年代，我家那个曾经的、看得见风景的阳台，早已变成了高楼大厦中的"天井"。站在"天井"里，既可感受市井的缭乱与嘈杂，也可感受汽车尾气的扩散与蒸腾。如是，睡在"万家灯火"里的兔毛爹娘开始寻思着"迁徙"。我们下决心穿越远方的杨林大道，去寻找属于飞鸟的丛林、大河，草地和花园。

兔毛爹娘很幸运，在那个房子尚不算昂贵的年代，我们没费多少力气，就很快在荡漾着皮划艇的潮白河畔，找到了一栋颇具"油画风格"的尖顶小屋。自此，爹把这小屋认同作我宿命之中的"理想国"，然后，一股脑儿地将我人在旅途时，不小心散落在行囊里，亦或记忆中的，比小说还要精彩的无花果、龙舌兰，还有"故事"的种子，撒落在小屋边的花园里。我期待，当那些神秘的花慢慢绽放的时候，我那已经长大的"兔毛"，会在"某个偶然翻看的夜晚"无意走进父亲留给她的花园。

2. 正在浇灌花园的兔毛和兔毛娘。
3. 改造前的小院。
4. 小院的冬景。

缘定——"兔毛花园"诞生记

　　2008 年，当另外一些中国人急急忙忙地在大河的北岸"收获"金牌的时候，兔毛爹娘却悠闲自得地在大河之南"播种"着属于自己花园。当然，在"播种"之前，曾经作过建筑师的兔毛娘，率先对爹这个"理想国"的主题建筑作了一番大胆的改动和精心的彩绘。

　　就在主体建筑的改造工程即将完成的时候，兔毛一家却对于花园的改造方案

5. 在花园中享受浪漫的下午茶。
6. 看着兔毛享受着采摘的快乐，是兔毛爹最大的享受。
7. 夏日的花园，百妍相争，生机一片。

产生了巨大的分歧。兔毛娘从建筑学的角度出发，主张建造一个充满古典主义色彩的规则式庭园，以对应主体建筑的风格。她热衷于在庭园的中心搭建维多利亚式的喷泉和围绕着喷泉的地毯式花坛。花坛的正中是规则的甬道，甬道的尽头是气势恢宏的维多利亚式庄园大门。

兔毛姥姥心想：喷泉、甬道有什么用？既占地儿又碍事儿。还是老话儿说得好"天棚鱼缸石榴树，先生肥狗胖丫头。"那才是北京人心目中的"好花园"呀。

兔毛爹则偏爱充满禅意的日式"枯"山水，坚持按照"理想国"的主题，打造一个具有油画色彩和东方式智慧的神秘庭园。而作为献给孩子的花园其风格一定要有"趣味"，要有"曲径通幽"的复杂，"达达主义"的戏剧效果和"地中海"式花园的明媚色彩。

最终，作为总设计师的兔毛娘"洗手"不干了。爹问：何故？娘答：我的建筑学老师教会我如何还原一栋属于"过去"的古典风格小屋，却没教会我如何建造一座属于空想主义的"明日"花园。

    兔毛爹大惊，慌忙请来兔毛娘的大师兄，著名建筑师曲大师"救驾"。曲大师在园子里转了一圈，继而否定了小师妹的设计，他认为庭园的设计应因地制宜，亦应考虑人在屋内的欣赏角度。既然兔毛家的庭院以侧花园为主，对称式的甬道设计很难将花园的大门和小屋的入口有机地联系起来。而当爹窃窃自喜之时，大师又评：兔毛爹的设想颇具文人的"理想主义"浪漫色彩，但主题太过凌乱不够鲜明。说完，他大笔一挥，一张几近完美的"兔毛花园"设计图，就展现在我们的眼前了。

春种与夏盛

    曲大师依据娘的喜好先给花园定义了一个英格兰式的拱形小门。然后，按照爹的意愿用曲折蜿蜒的石径，将"兔毛花园"约 280 平方米的空间划分为象征着春、夏、秋、冬季节更迭的 4 个景区。

    靠近园门的位置是姥姥"作主"的果木蔬菜园。该园意取"春种"，以耐寒、早发，且惹人喜爱的蔓性蔷薇作绿篱，任其恣意攀援，相互缠绕，最终拱门之上形成一道一如彩虹般的"梦幻"花环。在靠近院墙的位置，曲大师选栽了杏树、核桃以及不同颜色的爬墙蔷薇。

    自早春至初夏，人在入口的"花环"之下，已可见红杏出院、蔷薇满墙的繁荣景象。掩映其间的是老人春种的身影，和一片片兔毛钟爱的多年生爬地草莓，以及才长出的一年生蔬菜幼苗。蔬菜可种两或三季，在草莓成熟之后，院墙的栏杆上就会爬满黄瓜的藤蔓。偶尔，"有不速之客三人来"的时候，爹也会慌慌张张地到姥姥的菜园里玩些真实版的"偷菜"游戏，少顷，一盘无公害的中式"拍黄瓜"或者西式"沙拉"就呈献在了客人的眼前。

    和姥姥的蔬菜园隔路相望的，是兔毛娘寓意"夏赏"的英式花坛。花坛靠近客厅的落地窗，故而成为了连接这座"理想国"内饰与外观的最重要的过渡区和调色板。每年的 5 月，当年自播的紫茉莉尚在泥土中沉睡的时候，象征着"暗恋"的雏菊，寓意着"记忆"的迷迭香和代表着"思想"的三色堇，就被兔毛娘一大片、一大片地移种到了地毯式的无边界花园里了。这些曾经绽放在《哈姆雷特》舞台上的花朵，不时地撩拨起属于兔毛娘少女时代的戏剧之梦，而散布在花丛中的龙舌兰、虎皮兰和仙人掌，则让兔毛爹无数次爬过"记忆"的山梁，再次眺望落日中的那片矗立着"特奥蒂瓦坎"金字塔的墨西哥荒原。

    为了便于欣赏，爹在花坛中用枕木和碎石铺就了一条小小的栈道。兔毛喜爱的"地雷花"和牵牛花，就盛开在栈道的两边。仲夏时节，兔毛会学着小蜜蜂的样子"飞来"这里采花，而当她"飞去"的时候，栈道的碎石间，可能还留着她湿漉漉的脚印儿和忘了穿上的小拖鞋。

8. 拱形门上爬满了蔓性蔷薇。
9. 在果木蔬菜园采摘的兔毛。

10. 花园、家人，没有什么画面比此刻更美丽、更温馨。

秋思与冬望

　　绕过花坛，曲径通向被兔毛爹命名为"秋思"的后园。爹在这个最幽深、最隐秘的庭园中搭建了一座简单而古朴的茶亭。邻家大槐树茂密的华盖，刚好给这木亭带来了不可多得的遮蔽和葱郁。后庭以硬石铺地，便于来往人群的流动和茶亭的清洁。爹按照曲大师的建议，加高了院墙，以增加这一区域的私密性和避免"扰邻"。

　　这座可以容纳 6~9 人的茶亭，背依着一片郑板桥水墨画式的竹林，竹林前的石灯笼则"标注"了兔毛爹对于"枯山水"式禅宗庭园的特别向往。石灯照耀着的地面上，有一个用古代饮马槽改装的微型池塘，里面的两三枝睡莲和四五条小鱼，恰到好处地给这片不大不小的空间平添了几许东方式的审美情趣。

　　在清明，爹独坐庭内，喝茶读书；在仲夏，娘在此为兔毛举办烛光生日晚会；在中秋，当"夏赏"园中妖娆的夏日之花几近凋败的时候，爹和娘的朋友们依旧可以最后一次坐在简朴的"秋思"园里，煮青梅酒，论英雄事，品蟹黄肥，说菊花香。

　　花园中最大的一部分面积留给了可爱的兔毛。曲大师特地选用了"高羊茅"，为她铺就了大片的草坪运动区。高羊茅是一种冷季型、耐寒草，是北方高尔夫场地的首选草种。因其耐践踏、易修剪，所以我家的草坪上，从没有"请勿践踏"的警示牌，而伸向草坪深处的圆木踏步，则"召唤"着兔毛走回到生机勃勃的"大自然"间。

　　樱花开的时候，兔毛和邻家的小朋友们倚着草坪边粉色如云的樱树，扮新娘，过家家。甜杏熟的时候，他们在这片镶着野花的绿色地毯上，踢皮球，追兔兔。秋风起的时候，他们躲在草坪中的牡丹丛里，

11

12

11. 秋思园中古朴的茶亭，是兔毛爹最心仪的地方。
12. 希望兔毛在"某个偶然翻看的夜晚"无意走进父亲留给她的花园。

斗蟋蟀，藏闷闷。而在落雪的时节，树上象征着"柿（是）丰年"的柿子，则若阿拉丁的神灯般，指引着兔毛奔跑到白色的花园里，找寻属于她的"雪人"和爹的圣诞"花环"。爹将这片属于兔毛的草坪取名"冬望"，因为在雪夜里绽放的"爆竹花"，将会一年一度地照亮兔毛一家充满乌托邦式美好色彩的浪漫"明天"。

悟缘——此花不在你心外

一天，两天；一年，两年。当爹最终铺就了象征着希望的石路和栈道，抬起头再一次仰望蓝天的时候，北京那些摩登大厦"婀娜的背影"也正匆匆地跨过了远方的杨林大道，如影随形地跟着爹来到了大河之南。这一次，爹真的是莫可奈何了，爹对娘说：总不能再搬家吧，再搬，可就真的要跨过大河奔"河北"了……

在经历了十年的"逃遁"和"迁徙"之后，爹这回算是大彻大悟地明白：在快速发展的现代社会里，爹的"理想国"最终会被"都市乐园"取代。而油画中那些"空想"的花朵，亦最终不能在"现实"的大地上盛开。想明此节的兔毛爹，自此后，罢耕休园。终日，懒洋洋地"宅"在亭中饮茶闲阅，当然，偶尔，也会破帽遮颜过闹市，带着兔毛到都市的乐园里游逛闲玩。

一日，路过北平小院。

爹被里面的花团锦簇所吸引，于是，坐进去与主人聊天。

爹问：看小院中人来人往，何以有闲情逸致来种花呢？

漂亮的女主人笑答：心闲，花闲。

爹参不透此中深意，便再问：何为"心闲"？

主人指指四下乱跑的兔毛说：她未看花，花与心同归于寂。如是便知，此花不在她心内。

又指指正襟危坐的兔毛爹说：你来看花，花与心同悦于颜。如是便知，此花不在你心外。

主人最后说：我这里虽人来人往，然而，"花"再美，倘若路人无心，依旧是"闲"。

听完主人言，爹忽然惦念起自己那个闲着的花园了。于是，带着兔毛驱车急返，埋头将从北平小院里带回的郁金香种子一股脑地种在了花园深处的"东篱"下。此时，深秋的最后一抹夕阳，刚好映照着我身后的都市，在它逆光的"婀娜的背影"间，正仿佛隐约凹凸着油画里那个象征着"归宿"的深潭和理想国中那些象征着"明天"、"希望"和"未来"的美好山峦。

就在这转身的瞬间，爹终于顿悟了小院主人话中的深意，她大约说的是：世间悲喜，皆生于心，只有心生美好的人，才会拥有一个如心境般美好的家园。

……

想明白的爹，从此，更加勤奋，爹要造一个世界级的大花园送给我以及我们共同的明天。

PERADENIYA ROYAL BOTANIC GARDENS

耳听"最好"
不如去亲眼目睹
记斯里兰卡康提皇家植物园

图/文 李淑绮

　　这是一个悠闲而美好的国度，有着淳朴热情的人民，虔诚的信仰；碧海蓝天下，茂密森林里，盛开的鲜花、奇妙的果实、芬芳的空气，我们享受着对生命原始的感动，对平静生活的体验；猴子、大象、蜥蜴、松鼠、蝙蝠、白鹭自由友好地与你为邻，这里就是印度洋上璀璨的明珠——斯里兰卡。这是笔者在斯里兰卡旅行时的有感而发。斯里兰卡植被覆盖率非常高，走到每个地方都是绿意葱葱，是一个天然大氧吧，而当我们来到康提皇家植物园时，会发现这里不仅是植被茂密的氧吧，随处可见奇花异卉，处处都能带给人无限新奇和惊喜。

康提佩拉戴尼亚皇家植物园，始建于 1371 年，是当时的康提国王的御花园，马哈维利河（Mahawile）三面环绕，历经了 600 多年的发展，占地超过了 60 公顷，植物种类非常丰富，超过了 4000 种，除了斯里兰卡本土植物外，还有很多海外引进种植的植物，不乏一些非常稀有珍贵的热带植物，有人认为康提皇家植物园是世界上最好的热带植物园。

赤道的热带骄阳和康提地区的地中海式气候为植物提供了良好的生长环境，使得植物园内的植物茂盛，到处鲜花盛开，生态和谐。在进门处，当地的朋友特意告诉我们，一定要留意树木上的标签，比如黄色标签是有毒植物，不能碰；绿色标签是有药用功效的植物，黑色的标签是本土植物，红色的是外来引进的植物。

植物园规划设计极具热带风情，高入云天的树木与青翠的草坪相得益彰；色彩丰富观叶或开花植物点缀着甬道；不同品种的棕榈植物大道形成了强烈的视觉冲击；清幽的林地里不同种类的树木和谐共生；盘根错节的树木仿若迷你城堡，交叉相错的树干构成了小小森林；娇艳的鲜花成为了绿树丛中最靓丽的饰品，每一段路上都有不同的风景，让人赏心悦目，又会给你出乎意料的惊喜。尽管园子很大，走走停停中，却一点都不觉得累，手中的相机似乎总是在举着，因为刚想放下，就会发现新的目标。同行的朋友说，在斯里兰卡拍照片最多的地方就是皇家植物园。

植物园内的精彩实在太多，笔者采撷了其中几段与读者共飨。

1. 色彩缤纷的彩叶草勾勒出甬道的线条，自然而俏皮。
2. 这棵耸入云天的高挑大树，就是榴莲树哦！

仰望

走进植物园,脑海中就不由自主地闪现出一个词——"震撼",因为,在门口就见到几棵参天大树,直入云霄,让人不得不抬起头仰望,仰望间,蓝天、白云、绿树形成了一道绝美风景,深印脑海中。在兰花苗圃旁边,有个一棵高大的树木,树形优美,大家都在树下仰着头欣赏,不知是哪位眼尖的人喊了一句"看,榴莲!"树木太高,像我们这样戴眼镜的人根本看不到榴莲,幸亏有备而来,拿起望远镜赶紧寻找果实,果真看到了榴莲。当地的朋友说,采摘榴莲是需要动用吊车的。可见榴莲树有多高了。

沿着园路,走到了棕榈大道,道路两边树木高大仿若钻入云天,笔直的树干整齐划一,仿佛接受检阅的战士一般,让人不由肃然起敬。抬头仰望间,如蒲扇般的叶子张开,恣意生长,成为以蓝天为背景的一幅美丽图画。

在植物园内,我们不由感叹,对于颈椎不好的人,如果能天天在这里走走,一定能够治愈。

惊艳

绿色是植物园的主色调,而躲在绿叶树间的花朵不时给游人带来惊艳的感觉,这种感觉贯穿在游览之中而且是经常出现的。对于来自温带、亚热带的旅游者来说,看到很多热带的植物本已是应接不暇,当看到各类形态各异,色彩娇艳的花朵时,更是忍不住惊叹了!更为神奇的是,经常可以看到在一棵树上开的花,有含苞欲放的,有刚刚吐露花蕊的,有完全盛放的,有的甚至还有果实。

有这样一棵树,她就是那么平平常常的站立在路边,十分不起眼。路过时,无意间回头,突然看见有一点红色隐藏在绿色之中,于是,惊艳中回去,竟然发现树间有数朵艳丽的红色花朵,花可以用肥硕丰满来形容,更令人大跌眼镜的是有不同开放度的花藏在其间,有花蕾,有半开的,有全部开放的,甚至有凋谢的。

3. 笔直挺拔的棕榈树,整齐排列,形成别具特色的热带风情。
4. 如今,在超市也能买到菠萝蜜了,但你见过挂在树上的这么多的菠萝蜜么?

5. 仰望间，蓝天下，棕榈树尽显其雄浑之美。
6. 植物园中的温室一角，空气凤梨、蕨类植物呈现原始生长状态。
7-9. 实在不知这种植物姓甚名谁，但在一棵树上，那或含苞欲放、或怒放的花朵太让人惊艳了！

果的盛宴

　　你一定吃过榴莲、菠萝蜜这些水果，但是你见过它们的树木么？在康提皇家植物园你可以好好欣赏这些果树了。钻入云端的榴莲树，太高了，榴莲离我们太远，只能远观。但是菠萝蜜就"亲民"多了，它们结了很多果实，挂在树间，真是很乐意让人们观赏。我们可以随意就走到树下，细细地观察它们，当然不仅游客很喜欢这些菠萝蜜，就连猴子也来凑热闹呢，在植物园我们巧遇了这样几支长尾猴，它们正蹲在树上，享受着菠萝蜜大餐，蹦来跳去间，还会碰掉一两个小小的没有长成的菠萝蜜果实。尽管遭遇了我们这样的围观，它们仍是毫无羞色，照吃不误！

　　当然还有很多我们从未见过的果树。当地朋友指着一棵树让我们看，这棵树上结着一串串棕色的圆球形果实，仿若是挂着一个个炮弹，果然，这棵树的名字就叫炮弹花。它的果实样子很是"朴实"，但果实边那朵橘色的小花却着实美艳呢！而那边的树上则挂着一根根"香肠"，让人眼馋，顾名思义就是香肠树！

童话王国

畅游在植物园，可以说是缤纷植物王国的一场旅行。而且，奇异的植物构成的一幅幅景观更让我们感觉是在童话的王国里呢！

有这样的一种植物，它的基部的根茎形成巨大的片状，向四周蔓延，像城墙一般连起，围成了一个个仿若是童话王国的小城堡，真是奇异！小朋友很是喜欢，在里面玩起了捉迷藏！

在植物园里走，眼睛是严重的不够用了！正欣赏着一棵棵植物，突然发现走进了只有树干没有树叶的"丛林"中，仔细一看，原来是几棵树盘根错节间连在了一起。这里有工人正在工作，好像是给他们"梳头"，梳理着交缠在一起的枝干。走着走着，突然发觉这里真像是电影"倩女幽魂"中小倩她们住的地方呢！

自由自在

在斯里兰卡旅游，你会发现，这里人与动物的相处特别和谐，路边经常可见蜥蜴、松鼠，大象悠闲地走在路边，植物园里也有很多动物自由自在地生活着，最常见要属猴子，草坪上、树木间都有它们灵动的身影。

而植物园里另一大特色动物不得不提，那就是蝙蝠。以我的常识来说，蝙蝠是在黑暗环境中，晚间活动的动物，但是，在植物园里，我们竟然看到了白天里成群的蝙蝠在飞。当地的朋友介绍说，植物园的蝙蝠是很多，但是它们白天飞，有可能是有猴子捣乱，惊扰了它们，还有一种可能是有地方在施工，影响了它们使它们受惊而飞了起来。当我们离飞翔的蝙蝠越来越近时，果然看到树尖上很多倒挂的蝙蝠，如果不仔细看，会以为是树叶，那么一片片的，黑色的物体悬挂着，如果不是周边有受惊的蝙蝠在飞，想来它们一定是极为安详地停留在那里，享受着洁净的空气与和谐的氛围。

10. 那树上的小黑点，就是一只只倒挂的蝙蝠！如此之多，令人叹为观止！
11. 看，一根根香肠挂在树上让人垂涎欲滴。
12. 被我们养在室内还经常呈现柔弱之态的绿萝，在这里是多么健壮啊！

10

11

12

13、15. 几棵枝干相交，已不分你我，让人感觉仿佛是童话森林。

14. 这种树木的根茎在基部伸展成一片片，仿佛一个小城堡一般！

16. 典型的热带风光！三角梅开得热烈而奔放！

DECORATE YOUR HOME
WITH PLANTS
家居美容用**绿植**

文／赵芳儿　图／玛格丽特　耕英

我是个居家捣饰狂，每隔一段时间，就想把家里换个新花样。之前经常通过调整家具的位置来达到目的，可是搬家具真的是个体力活，累得上气不接下气不说，老公还不给你好脸色；后来又迷上了布艺、小饰品，可老公和儿子都不买账，说家里有两个大男人，却一点男人味都没有……直到有一天，我碰见了这些小精灵……

我说的"小精灵"，就是我养的那些花草植物。一盆垂下来的常春藤，我将它放在客厅的空调柜机上，长长的枝蔓垂下来，让人觉得非常浪漫飘逸；有一天，我看厌了这种飘逸，便将它挪到阳台上透透气，空调上叶片挺立的小棕竹取而代之，干净利落的气质立刻呈现……春天的时候，在小区的花店里随手挑几盆应季的草花，放在阳台上，清新的花香便扑面而来，有时候还会引来蜜蜂来采蜜；夏天，来几盆水培花卉和鱼儿一起养着，室内摆上几盆龟背竹、竹芋等热带植物，会显得凉意拂面，清爽宜人；到秋天，菊花是座上宾；冬天，凤梨、蝴蝶兰这些争相斗艳的年宵花，让居室充满了喜庆热闹的气息……它们，满足了我这个掐饬狂的所有欲望。

这些小精灵，健康环保自不必说，想给家里换个新感觉，用它们是最省力不过的方法。不过，绿植可不像玩偶一样，只要好看，任何地方都能摆放，绿植是生命个体，每种都有自己的习性，有的喜光，有的恶水，之前不懂，一通胡养，结果花儿们一个个仙去，让人直叹伤不起。养的时间长了，花儿们的脾气秉性也逐渐摸清了，并能根据它们各自的形态、颜色、大小等，与居室空间进行协调的搭配。

了解植物的习性

影响植物生长的条件主要有三个，即温度、水分和光照。居室内不像室外，温度一般都比较适宜，除了在少数冬季很冷又没有暖气的南方城市，一般都不用采用特别的保温措施。因而重点需要考虑的是光照和水分。

一般来说，观花的植物都需要充足的光照，比如月季、海棠等，适宜放在窗台、阳台等光线充足的地方；而观叶植物则比较耐阴，比如绿萝、竹芋等，可以放在光线不充足的位置，比如洗手间等。

水分对于养花新手们来说，尺度比较难掌握，不是水多淹死了，就是水少把它们渴死了。我曾经因此而让很多心爱的花儿仙去，着实抓狂。后来掌握了一条金科玉律，就是盆土表面微干才浇水，每次浇水就浇透。而对于像仙人掌类的多肉植物，让它们渴上十天半月后浇一次也无妨。冬天，我养的肉肉们都很少浇水。

客厅装饰

一般客厅的光线比较充足，非常适合植物的生长。客厅是居家中最重要的场所，是家人和客人聚集的地方，每天在这里待的时间也最多。因此植物的数量不可过多，高低搭配，

常春藤这样的爬藤植物，最适宜挂在墙壁，或者放在冰箱，柜机空调等较高的家具电器上面，枝叶垂下来，感觉非常飘逸。

虎皮兰等直立型的植物，适合装饰狭长的空间。

海棠等观花植物，需要常晒太阳，适合装饰窗台、餐桌等。

简单清爽就好。面积 30 平方米左右的客厅，一般选择 1~2 盆高 1~2m 的大型盆栽，3~4 盆 50cm 上下的中型盆栽，再选择一些小型或者壁挂的小盆栽，就会很丰满。

餐桌

像茶几一样，餐桌也最好摆放小型盆栽。花盆也可以选择与餐具风格统一的花盆，比如茶杯式的、碗状的……如果不想植物叶片不小心伸进餐盘里，也可以选择玻璃容器组合盆栽，植物都种在容器里面，叶片不会伸出来，而且也非常干净。

茶几

茶几上适合摆放小体型的植物，一方面是擦桌子的时候方便拿走，另一方面也不遮挡视线。种类如袖珍椰子、海棠、铁线蕨、微型月季、海棠、长寿花等。如果嫌土壤容易弄脏桌子，可以选择水培的花卉，在水里搁一些观赏石子，干净而赏心悦目。

窗台

窗台上适合摆放喜光的植物。如果窗台上的直射光不强烈，大多数观叶植物也可以摆放在上面。比如爬山虎、变叶木、吊兰、薄荷等。

玄关

玄关一般空间都比较狭小，因此适合选择比较高挑、直立生长而分支不多的植物，比如富贵竹，心叶蔓绿绒、鹤望兰、虎尾兰等。

墙面

墙面的面积很大，往往也会显得很单调，可以挂上几盆绿植，立刻会让居室丰富而富于变化。绿植一般选择飘逸的藤本，如口红花、常春藤、绿萝、天门冬等。

厨房

厨房做饭经常会手忙脚乱，因此，植物装饰以不影响这些生活节奏为前提。因而种类不要太多。因为厨房不免有油烟，所以花盆最好选择擦拭比较方便的光滑材质。

墙边

如果餐厅空间足够大，也可以在墙边安排一盆较高的大型盆栽，丰富居室的空间。

洗手间

同厨房一样，洗手间也不易安排过多的植物，体型也不宜太大。洗手间一般比较潮湿，因此最适宜放置喜欢湿度大又较耐阴的热带植物，如兰花、常春藤、铁线蕨等蕨类。

客厅里需要一棵高大的植物，"绿色"气场会很强。

水培植物非常干净，依器皿类型可悬挂，也可直接摆放。

鸟巢蕨叶片丰满，无论放在哪里都很搭。

绿萝是最适合水培的植物之一。

蝴蝶兰是最受欢迎的年宵花，有着"花中皇后"之美称，因此花盆当然也要雅致一些。

落地窗角落，用大体量的滴水观音，很具热带风情。

小菊装在篮子式的花盆里，一派田园风光。

PRESSED FLOWER
压花 留住**生命繁华**

文 / 李淑绮　图 / 唐梅英

　　你是否有过这样的感受，看到每一朵花、每一片叶，在最好的时光里，绽放最美的容颜时，总希望将它们最动人的样子留下来。或许这是很多人曾有的想法，因此，有一种艺术形式诞生了，这就是压花。压花的英文是pressed flower，很贴切，很形象。简单解释一下，就是将各种植物材料，例如根、茎、叶、花、果、树皮等经过一些处理，如脱水、压制、干燥等，制成平面花材，然后再经过巧妙构思，设计加工成为一幅幅精美的装饰画、卡片等，可以说，压花是一种融合了植物美学、绘画等于一体的艺术形式。

唐梅英，一位温婉清柔的江南女子，十多年前，因为喜欢花花草草，于是开了一家花卉商务公司，与花卉打起了交道。多年来沉浸于其中，她已从当初的简单喜欢，发展成为花卉的专家，对花草有了更深的感悟与了解，而也因此，她开始用灵巧的双手，将原本只能"灿烂一时"的美丽花朵草木留下来，通过艺术的创作，去延续植物的生命繁华。

如果只是从事花卉商务工作，每天将鲜花插制成花束、花篮，送到消费者手中，可能未必会对压花艺术痴迷。唐梅英用着带些轻柔南京口音的普通话，和笔者谈起了她为何会"沦陷"在压花艺术中。

前几年，一个偶然的机缘，唐梅英在南京一个农业开发区，租下了30多亩土地，开始了她梦想的田园生活，她在这片土地上种植了花草树木，还有葡萄、草莓等蔬果，在耕耘的过程中，她不仅和花花草草树木有了更亲密的接触，而且她也有更多时间在一天的时光中，随时欣赏植物花朵在不同时段呈现的不同的姿态。含苞欲放、叶芽初发的清新；雨水过后叶片的青翠；阳光下那种耀眼色彩，都让唐梅英对花卉更加痴迷。而到了冬季，万物萧条间，看见枯干的落寞，被土壤埋下的枝条、落叶，她萌发了迫切的愿望，让春的美丽、秋的色彩能重新回来。她想起了以往在花展上看到的用真花经过艺术加工的压花作品，她想自己也一定可以留住春天。

压花步骤

第一步：植物材料采集
　　植物材料就是各种植物的叶、花、茎、枝、果等，但以叶和花居多。材料的种类要丰富，这样创作的余地大。

第二步：压制
　　将花或叶子展平，花朵去掉花蕊，夹在薄纸中，外面再加几层报纸包裹，压上重物，放在干燥通风处。经过3～5天就完成了。

第三步：拼贴创作
将压好的花材，按照设计图进行拼贴，形成一幅画。

　　机缘巧合，唐梅英老公的姐姐在日本，并且专门研习过压花，听说她想学习压花，就邀请她到日本去学习，因为日本的压花艺术历史悠久，有一大批从事压花专业教学的老师。唐梅英自此真真切切走进了压花世界，而且一发不可停止了。

　　仅有热情是不够的，真要想做好压花，其实是一件需要坚持不懈的工作。唐梅英介绍说，首先要收集花材。春、夏、秋、冬每个季节都要收集，品类要多，这样才能为后期的创作做好充足的准备；其次是处理好花材。收集来的花材要进行脱水、压制等过程，做成压花的原始素材；第三要根据花材进行创作设计，设计好图案后进行加工才能成为一件艺术品。

　　做压花，如果纯粹是休闲和爱好，可以利用一些简单的道具就能完成，比如给花卉脱水，可以将花或叶子夹在薄薄的纸中，外面再加上几层报纸包裹，压上重物，放在干燥通风处即可，因植物品种不同，2~5天就可以脱水完成了。若要再简单些，甚至可以将花或叶子直接夹在书中，但花色和花的完整性会受到影响。

　　唐梅英是个做事认真的人，既然喜欢、学习了，就要把事情做好。唐梅英说，其实，国内也有制作压花的大师，在一些高等院校还开设了压花选修课程，但不够普及，也没有形成产业，所以制作压花的工具、材料没有系统化，也缺少专业教学机构来教学。日本的压花很普及，教育机构也很多，还有配套的工具。她在日本学习时，选购了一些工具、材料带回来，在她设计、制作压花作品时有很大帮助，比如，专用的脱水纸、胶等等。

　　唐梅英带了一些作品过来，向我展示了她的"成绩"，作品如其人，从她的作品中可以感受到清净与闲适的生活气息。我说，你的作品颇为写意，不像一个经商的人做的。她笑答，花本是陶冶情操的，如果不静心、不清心，也就不要做压花了。做压花，我享受的是悠闲生活乐趣，怎么会有商业味。

　　系统学习压花已有一年多了，唐梅英坦言，她现在还只能算是初学者，在享受生活的同时，能学到一门技艺，这样的学习很惬意。她说，她很喜欢享受花园时光，只要有时间她就会在她的"花园"里闲逛，与花花草草心声交流，这于她创作压花作品大有裨益。她还建议说，如果《花园时光》编辑部愿意，可以邀请压花爱好者来她的"花园"坐坐，她很愿意与大家交流压花心得呢！

第四步：装裱

首先选一张与作品大小相当的锡箔纸，并贴上干燥剂，然后再将作品用双面胶贴在上面。

再沿着作品的四条边涂上专用胶水，上面盖上透明玻璃或PVC板，并用抽气管将里面的空气抽干。

最后加上画框，作品完成。

link

压花真正的起源是"植物标本"。最早的植物标本出现在埃及，距今大概2300年左右，现在在英国皇家植物园可以看到。19世纪后半叶，英国维多利亚女皇时代，压花艺术达到高潮。和插花艺术一样，压花成为宫廷贵妇人上流社会活动之一。维多利亚女皇就是压花艺术家。那时，压花艺术在宫廷非常普及。宫廷贵妇们相互切磋压花技艺，展示作品，在豪华的宫廷，压花画成为必有的室内装饰画。摩洛哥皇后Grace Kelly非常喜欢压花画，她组建花园俱乐部，进行各种形式的花艺活动。她的许多美丽的压花作品保存至今。

在日本压花像插花一样，属于国家级艺术。台湾、香港的压花教学也很普及，在妇女界盛行。

1983年，英国创办了第一家压花协会。1999年创办的世界压花艺术协会总部设在了日本。

唐梅英

南京樱子花卉商务有限公司总经理，早年到北京师从名师学习插花艺术，近年，多次前往日本学习压花艺术。在第八届中国花卉博览会上其压花作品喜获银奖。如今，其在南京东郊租下60亩园区，享受田园生活的同时，正在探索新的压花形式——水果压花。

SUDLEY CASTLE
苏德利城堡——
心酸的浪漫

文 / 图·敏敏

英国之行，看了大大小小很多花园，最让人回味的却是苏德利城堡——除了绝美的花园，还因那个美丽、温雅、睿智的王后凯瑟琳·帕尔。城堡里的风景是美丽的，故事是传奇浪漫的，而她——凯瑟琳·帕尔，却让人不由自主地感到丝丝的心酸。

那一天阳光明媚，却照不进古堡幽深的庭院里，残墙断壁在经历了五个世纪斗转星移的洗礼，厚重之余又添了一层风霜，仿佛每一个角落都藏着一个绵长的故事。

古堡沉寂而幽深，仿佛在女主人离开的那一刹那尘封，唯有残墙下的茵茵芳草，古树下盛开的小花，在五月的春风中展露着生命痕迹。

英国之行，看了大大小小很多花园，最让人回味的却是这苏德利城堡——除了绝美的花园，还因那个美丽、温雅、睿智的王后凯瑟琳·帕尔。

毫无疑问，苏德利城堡的花园是美丽的，是那种恬静、悠闲的、让人感动的美。花园大致可以分为两部分，古堡入口处的林荫花园，和古堡后院的王后花园。我们去的时候是五月，正是球根的季节，入口处古树参天，林荫下则是成片的郁金香、洋水仙、大花葱……在透过树叶缝隙洒落下的阳光里熠熠生辉，给沉寂幽深的古堡带来了春天的气息。路过一片废墟穿过古堡，王后花园位于开阔的牧场前方，那里有美丽的玫瑰花园和树篱迷宫。古堡的残壁上痴缠着藤蔓，残垣断壁下盛开着各色郁金香。花园前方则是一片坡地牧场、草坪、稀树、羊群……典型的英伦乡村风光。

花园植物的生机和古堡断壁的陈旧，形成强烈的对比，又相互衬托、相融，让人不由自主地就能追寻到花园过去的影子，仿佛这一切还停留在几个世纪前的模样。

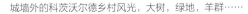
城墙外的科茨沃尔德乡村风光，大树，绿地，羊群……

城堡建于都铎王朝时期，是亨利八世最后一位妻子凯瑟林·帕尔的最后居所，礼拜堂中供着凯瑟林·帕尔王后的墓寝。

在亨利八世疲惫于婚姻，疲惫于政治，疲惫于病体时，凯瑟林·帕尔走进他的世界，深深吸引着他，成为亨利八世最尊重的妻子，并给予了亨利八世心灵及病体的抚慰与安宁，重新唤起亨利八世勃勃斗志，征战沙场，力挫权势。在亨利八世平衡新旧势力反复时，凯瑟琳·帕尔凭借镇定机敏躲过了罩向自己的致命之网，同时也避开了前几位王后的不幸结局，得以为亨利八世送终，并再嫁他人妇。在那个势力角逐无所不在的恐怖宫廷，这是一位在亨利八世的妻子中画上最完美句号的女人。

如今，这座花园还居住着世袭贵族，演绎着英国传统的贵族生活。现在的主人艾什科姆女士开放城堡，让湮没在岁月尘埃中5个世纪的美丽王后和萦绕于她身世之中的那些刀光血影重见天日，也给这古堡增添一些"人气"。玩鹰的大叔，屋檐下、绿地里忘情演奏的乐手，身着华服的女眷和孩童，都在演绎着古堡曾经的辉煌和繁荣！

link

关于凯瑟琳·帕尔王后

提起凯瑟琳·帕尔王后，不能不首先提到英王亨利八世。有报道称："如果16世纪有八卦小报，亨利八世一定是每期的封面人物"。亨利八世是英王亨利七世次子、都铎王朝的第二任国王，1509年继位，在位38年。都铎王朝是英国从封建社会向资本主义社会转型的关键时期，其间实施的各项政策都非常具有时代特色，亨利八世是一位有才华、有能力又丑闻迭出的国君。这位能讲流利拉丁语和法语的英格兰国王既风流倜傥又血腥残暴，一生堪称传奇，当然最为传奇的是他曾经结过6次婚，娶过6位王后，其中有两位王后被其下令在王宫外的绿地上斩首处死。

凯瑟琳·帕尔就是亨利八世在1543年第六次也是最后一次结婚所娶的王后。当时31岁的帕尔已两度守寡，正在与英俊的贵族托马斯·西摩热恋并已谈婚论嫁，但当国王求婚后，她便放弃了托马斯，这位贵族随后被国王派驻海外。

凯瑟琳·帕尔虽非皇族出身，却是心地善良、热情真诚、知书识礼的大家闺秀。成为王后的帕尔表现得相当出色，她尽心尽力照顾前几任王后留下的3个孩子玛丽公主、伊丽莎白公主和爱德华王子，让他们受到了良好的教育。这是之前任何一位王后都不敢奢望做到的。对于晚年疾病缠身、动辄发怒的亨利八世，她也悉心照料，亨利八世终于不想再找第七任妻子了。

帕尔王后还是当时少有的才女，是16世纪英格兰绝无仅有的出版过两本著作的女作家。在1544年亨利八世与法国交战期间，她还颇受国王信任，担任了几个月的"摄政王"，出面管理朝政。

1547年亨利八世去世，帕尔王后与昔日情人托马斯·西摩重修旧好，两人迅速秘密成婚，又成为当时宫廷丑闻，因此帕尔王后被剥夺了相当数量的房产与珠宝。苏德利古堡成了她最后的归宿，她在那里生下第一个孩子玛丽7天后便因产褥热死亡。丈夫西摩抛弃了女儿，后因政治野心很快被以通敌罪推上了伦敦塔的断头台。他们可怜的孤女据也未活到两岁便夭折了。

背景资料

案例：上海万科翡翠别墅

面积：450平方米

设计：张向明花园设计事务所

GARDEN DESIGN

在奢华中彰显

灵蕴与内涵

功能区的划分

　　接到这个独栋别墅的设计任务时，设计师最先考虑的是花园的主题，以怎样的风格来做呈现。考虑到独栋别墅的主人三代同堂，花园是全家人休憩、享受生活的地方，因此，花园的功能划分成了设计师最先考虑的重点。所以在朝南的主庭院，设计师把花园划分为三块主要区域。

东边——户外烧烤区

　　东边是户外烧烤区，配有带烤箱和水斗的料理台，有足以容纳10位客人在此就餐的桌椅。这里也是女主人的活动区域，煮上咖啡或茶，邀三五好友一起坐院子里享受阳光，聊聊天。这个位置紧邻的是一个大草坪，周围布置上特色的植物，搭配有趣的摆件，大片的草坪可以任由孩子和狗狗玩耍，妈妈坐在这里喝咖啡的时候也可以照应着。

　　外面便是隔壁人家了，所以设计师用了一堵虎皮石的背景墙，上面还有别致花纹的窗棂。这样的设计不仅可以保持空间的私密性，而且清晨的阳光也会不受阻拦地透过窗棂投下美丽的树叶形状。

　　该区域在色彩上则选择了柔和的粉绿色，这里是女主人和孩子的活动空间。

中间户外会客区

　　南花园与室内客厅相对应的位置，设计师做了一个抬高
处理，这里主要是男主人活动的区域，喝茶、抽烟、谈天说
地等。这里摆放了一组三面靠背宽敞的藤椅，中间是大茶几，
可以一个人在这里静坐看书，也可以和朋友们一起喝茶聊天。
地势上属于最中间，也是最高的位置，正好把整个院子一览
无余，象征呵护着一家老小。

　　材质的选择上也是以硬朗风格为主，结实的深色木质廊
架，棱角分明，流水上的步道也采用了同样硬朗特质的长方
形花岗岩。

　　色调上则用了大胆的橙色纱幔，热情而烂漫，也让这一
处的硬朗显得稍许柔和。相对应的是屋内客厅的深宝蓝色沙
发，这种撞色设计带来强烈的视觉冲击，让生活更加生动而
多彩。另外，橙色的纱幔提亮了客厅深沉的色彩，而客厅的
深宝蓝色也能抑制橙色的太过热烈。

西面蔬菜种植区

　　西面特意为老人设计了一块蔬菜种植园，非常简单的设计，四周和中间的田字格都是种植区，用一条石子铺的小路连接，种植床用老木头做围边，黑色的鹅卵石下面其实是排水沟，因为这一块地势比较低，遇到暴雨可以通过这条暗藏的水沟迅速排走。

　　角落里的花坛还设计了一个木座凳供老人休息。

　　另一方面，蔬菜种植区下沉式设计也协调了整个花园的风格，从院子的大部分视角上看到的仍然是一个现代时尚的花园。而往最里面走，下了台阶，却完全是另一幅田园风格。田园和现代如此巧妙地结合，不由让人称赞设计师的匠心独具！

水景的应用

在中国传统文化中，水象征着财，所以别墅花园中，水是必不可少的一个元素。

北面的入户庭院，除了配置一些高低错落的盆栽植物，还有一堵半高流水墙，以花岗岩和大理石材质为主，色彩则是米灰色和黑色的结合。

躺在客厅的大沙发上，透过宽大明亮的落地窗，就可以看到对面的流水墙，七股清泉缓缓流淌，寓意着"财源滚滚"。流水在廊架区停留，最后在和下沉式蔬菜区有个90cm的落差，形成了一小片瀑布。

水景墙也是以虎皮石材质建造，色系上和东面的背景墙相呼应，虎皮石是一种保留了石棉纤维状构造的石英集合体，它的颜色和纹理与树木十分相似，切割工艺非常复杂精细，因而非常有质感。

树木的配置

在大树的选择上，设计师不仅考虑了本地的气候和地理条件，也协调了整个院子的风格。院子的东面是一棵巨大的柚子树，柚子树株型高大，油亮的叶片非常好看，四季常绿，另外，柚子树开花的时候还能带来满园的馨香，而到了秋天，枝头上挂着橙黄的果实，经冬不落，也是一景。

靠近门口的区域是一棵石榴树，株型比较宽大，石榴不仅代表红红火火，而多籽的果实也预示着多子多福。

A TOUR OF GARDEN CENTRE

青山湖花园中心
游历体验

文 / 图　李淑绮

　　有花园、搬新家、买花草，每个城市，每一天，都会有这样的事情在发生、有这样的需求出现。但是，您所在的城市，哪里能将花园植物、户外家具、室内植物以及各类饰品一站采购齐全，而且边采购边赏景，两全其美呢？今天，带您去杭州的青山湖花园中心去看看。

烟花三月，笔者怀着兴奋的心情来到了杭州，还未来得及欣赏一下西湖美景，就直接奔赴临安青山湖水库，因为听说这里有一处赏花玩景购物的好去处——青山湖花园中心。

站在青山湖水库的大坝上，远眺湖畔，可见有一块规划方整的园区，在葱郁苗木以及园林景观中有一栋"飞檐翘角"的现代化玻璃温室，同行朋友介绍说，那就是青山湖花园中心的室内区。

在风景秀丽，空气清新之所在能有一处购物赏花场所实在是一件乐事。走进高大敞亮的玻璃房，一面绿墙前方是一块位置指示牌，自然将区间分隔，引导消费者从右侧入口进入。整个花园中心分区清晰，一目了然。中庭有集成展示区，从入口进入后为应季植物展销区、主题情景展示区，顺甬路前行，依次是资材区、小盆栽区、大型绿植区、工艺品区、介质废料区、园艺器械区、户外家居、工程资材以及种子种球多肉植物区。之后有出口通往室外展示区。4000 平方米的温室内，处处有景，宜家式的展示方式，让人充分领略了在休闲中购物，在购物中休闲的美好时光。

景胜

中庭展示区是一个迷你园林小景，青翠的植物搭配欧式的花器，辅以舒适的户外家具，笔者置身其中，转来转去不愿离去，坐在秋千吊椅上晃晃，满眼青翠，看见旁边那个胖乎乎的陶制花盆实在可爱，虽然家中地方不大，也要买回一个去装点一下，让家变得更加欧趣些！而有几个小朋友干脆就在草地上打起滚来，旁边的家长乐得看着他们这样撒欢！好和谐的一处所在。溜溜达达间，见到一个自己晃动的飞翔的蝴蝶，好奇怪，走过去一看，原来是一款太阳能的小摆设。这可吸引了小朋友目光，家长也很喜欢哦，很干脆的买下来。

记得看电影《小时代》时，有个镜头印象深刻，几个年轻人在露台上，坐在柔软的沙发上聊天的情景，当时看到时

就想，如果有机会买这样一套沙发放到阳台上将是多么惬意啊！而那套想拥有的户外沙发就在不经意间出现眼前了！藤架、沙发、绿植，嗯，我要全套搬回家。

还有那面绿墙也实在是吸引目光，听中心的工作人员介绍，原来是利用一种叫"保浮科乐"的产品，将植物立体栽培，形成的绿色墙。关键是这绿墙，不占空间，植物栽培不用土，还有自动上水功能，笔者不由感叹"实在是太强了！"

精致

去的那天，正赶上外面瓢泼大雨，但室内毫无感觉，通路的设计也很好，顺着路走，各个景点都欣赏了，所有的卖场也经过了，从一个区域到另一个区域间都有很巧妙的分隔，自然而别致。

在盆栽植物销售区，货架的色彩采用白灰相间的格调，材质是木质的，很有欧洲范儿！花园小品、资材也很是小资，有很多产品市面上很难见到，一问才知，有不少是商家专门从一些外贸加工厂里淘到的。还有那户外家具，做工精细，

走走逛逛,不知不觉一个下午就过去了,刚才还是乌云盖天、大雨瓢泼,如今已是雨过天晴,整个园区的景致更加让人心旷神怡。小编感觉不错,跑去到前台和工作人员聊聊,巧遇了花园中心的负责人徐总,经他介绍才知,这家中心有很强的园林设计施工能力。而花园中心也有专门的团队能承接高端私家花园的定制业务。

原来如此,小编真是感觉不虚此行啊!

link

青山湖花园中心,隶属杭州市园林绿化股份有限公司,还有专门的团队进行私家花园的定制服务。

质量上乘,有工作人员介绍说,这家厂商是国家重大活动中户外伞具的供应商!

美景

逛足了室内,写好了采购清单,顺着指引来到了室外展区,经过资材区,来到了盆栽苗木区域,这里更让人大开眼界。以前小编买的室外植物,都是带着土球,一般还要没有长叶开花前移栽好,动一次工程很是要费神费力。而到这里才知,根本无需那样,随时需要随时买回家就可以栽培,因为这里销售的都是盆栽苗木,专业术语称之为容器苗。罗汉松、木香、紫珠、红花檵木、红枫、桃花、樱花等等,都整齐地种植在容器中,随时可以扎根在私家庭院里。

离开苗木区,忽觉眼前一亮,原来是来到了室外景观展示区。一个个精致秀美的小庭院,彼此相连,仿若串起的美景,让人目不暇接。中式花园、日式庭院、英式小景、法式花庭、地中海式景观,虽风格不同,却巧妙融合为一体,方寸间颇有游历万国之美妙,从中还能感受园廊、花架、山石、雕塑等景观小品的巧之所在,画龙点睛之妙处。

走遍世界
看花去
2014各类国际花展
推介

泰国

作为亚洲著名的旅游胜地,泰国自 2012 年开始举办花卉园艺展览会,2014 年泰国国际花卉园艺展览会(Horti Asia),将于 5 月 8 日～10 日在曼谷国际贸易展览中心举办,如果时间碰得上,花园爱好者,不妨到展览会上参观一下,可为游览旅程增加些趣味。

展出内容涵盖了:花卉、蔬菜、水果等整个供应链的产品、设备和技术,以及温室资材、物流等方面,体现了"大园艺"特色。该展会展示了该地区园艺行业最新创新产品、技术和行业趋势。

英国

老牌的园艺大国,每年都会有众多的园艺花卉展览会,今年也不例外。切尔西花展仍是英国最重要的花展之一。

2014 年英国切尔西花展,将于 5 月 17 日～5 月 24 日在伦敦举办。园艺景观设计、园艺资材等仍是其重要的内容。今年切尔西花展将由康奈尔长岛园艺研究与推广中心组织,除了展会本身还能参观伦敦最著名的花园。20 日当日开放只允许切尔西花展会员进入参观的地区。

英国国际植物展,将于 6 月 24 日～6 月 25 日在英国考文垂丽石公园举办。展会的主要内容是盆花、观叶植物、园艺资材、温室资材等。今年是第五届展会,聚集了英国最知名的盆花生产企业,以"回归经典"为主题,在花开最美好的时节开办展会,其观赏度将备受关注。

英国伯明翰五金工具、花园园艺及宠物用品展览会,将于 9 月 17 ～9 月 19 日,在英国伯明翰国家展览中心举办。展会上将展出各类花卉、灌木、花园机械和工具、各种花卉居家用品和礼品以及户外用品和宠物用品等。

荷兰

春天去荷兰的库肯霍夫看花已是很多花友的不二选择,其实,一年中任何时间去荷兰都是很美的。如果在 11 月去荷兰,一定不要错过其闻名世界的花展哦!

荷兰国际花卉贸易展(IFTF),将于 11 月 5 日～11 月 7 日在荷兰举办,鲜切花、盆栽花卉、园艺资材、物流、温室、草花等都会在展会以最完美的姿态绽放。以往的花展主要以鲜切花展示为主,2010 年增加了盆栽花卉和观叶植物,2013 年有很多草花出现,期待 2014 年的花展。

肯尼亚

提起肯尼亚,让人不禁联想起野生动物园的恢宏壮观景色,其实,肯尼亚的花卉产业也很发达,有时间不妨去感受一下。

肯尼亚国际花卉交易会(IFTEX)的举办时间是 6 月 4 日～6 月 6 日,举办地点在肯尼亚内罗毕奥仕沃中心,这是肯尼亚最大的专业花卉展览会,参展商来自非洲本土及荷兰、美国等地。展会上将展现肯尼亚花卉产业链,涵盖了种子供应商、鲜花生产商、运输物流和园艺资材等。

美国

美国的园艺花卉产业十分发达,每年在各大洲都会有各类的花展。如果有时间光顾,会别有收获。

美国国际花卉展(IFE)举办时间是 6 月 10 日～6 月 13 日,地点在美国路易斯安那州新奥尔良莫拉尔会议中心,鲜切花、盆花、盆栽组合、资材产品等是主要的展示内容。该展会能满足不同层次购买者的需要,有高档到低档的花卉种类,也有各种批发和零售买家,双方供需达到对接。会展从 11 日起在出口大厅进行展销。

澳大利亚

澳大利亚已是中国游客常去的旅游目的地,那里的野生花卉极为著名,不过,2014 年举办的芳香植物展览会,也会很吸引人。

8 月 17 日～8 月 20 日举办的国际芳香植物及药用植物展(WOCMAP)的展会地点在澳大利亚布里斯班,主要展出芳香植物、药用植物研究的最新成果及新产品,并希望找到药用和芳香植物应用的新领域。

德国

德国是个展会众多的国家,在园艺行业中最为著名的莫过于科隆园艺博览会了。

2014 年德国科隆园艺博览会将于 8 月 31 日～9 月 2 日在科隆举办。展会内容以花园家具及家居用品、花园规划和维护、植物和植物护理、花卉栽培和装饰、水处理和室外照明、其他设备和花园布置、园丁供应品、圣诞装饰品、马术用品、露营及休闲用品、体育及比赛用品等为主。

巴西

2014 年巴西世界杯会引起世界瞩目,然而其园艺展览会的举办将会锦上添花。

2014 年巴西园艺展览会将于 10 月 10 日～10 月 13 日在巴西圣保罗安年比国际展览中心举办。其展品非常丰富,涵盖了户外及花园装饰品、雕塑、风铃、花器、园林景观、花卉、假花、草坪、花园工具、园艺车辆、烧烤设备和铁艺产品、户外家具、遮阳伞、户外照明设备等。该展会是拉美地区最具影响力的展会之一,是以家庭的园艺和庭院产品为主的专业展览会。